新版 »

畜禽养殖与疾病防治新技术

孙 铎　王 刚　孙秀红　主编

U0308275

中国农业科学技术出版社

图书在版编目（CIP）数据

畜禽养殖与疾病防治新技术／孙铎，王刚，孙秀红主编. —北京：中国农业科学技术出版社，2020.5

ISBN 978-7-5116-4679-8

Ⅰ.①畜… Ⅱ.①孙…②王…③孙… Ⅲ.①畜禽–饲养管理②畜禽–动物疾病–防治 Ⅳ.①S815②S858

中国版本图书馆 CIP 数据核字（2020）第 059662 号

责任编辑	白姗姗
责任校对	马广洋

出 版 者	中国农业科学技术出版社
	北京市中关村南大街 12 号　邮编：100081
电　　话	(010)82106638(编辑室)　　(010)82109702(发行部)
	(010)82109709(读者服务部)
传　　真	(010)82106650
网　　址	http://www.castp.cn
经 销 者	各地新华书店
印 刷 者	北京富泰印刷有限责任公司
开　　本	850mm×1 168mm　1/32
印　　张	5.625
字　　数	156 千字
版　　次	2020 年 5 月第 1 版　2020 年 5 月第 1 次印刷
定　　价	39.80 元

前　言

　　畜禽养殖业是农业的重要组成部分，是农村经济的支柱产业，在保障人民食物安全、增加农民收入等方面具有极其重要的意义。

　　本书包括猪的养殖技术、牛的养殖技术、羊的养殖技术、鸡的养殖技术、鸭的养殖技术、鹅的养殖技术、畜禽防疫技术、畜禽疾病防治新技术等内容。

编　者

2019 年 12 月

目　录

第一章 猪的养殖技术

第一节 猪场规划与建设

一、猪场的规划与布局

（一）场区规划

猪场布局包括场区的总平面布置、场内道路和排污、场区绿化3个部分内容。

1. 场区平面布置

一个完善的规模化猪场在总体布局上应包括4个功能区，即生活区、生产管理区、生产区和隔离区。考虑到有利防疫和方便管理，应根据地势和主风向合理安排各区。

（1）生活区。生活区包括职工宿舍、食堂、文化娱乐室、活动或运动场地等。此区应设在猪场大门外面的地势较高的上风向，避免生产区臭气与粪水的污染，并便于与外界联系。

（2）生产管理区。包括消毒室、接待室、办公室、会议室、技术室、化验分析室、饲料厂、仓库、车库和水电供应设施等。该区与社会联系频繁，与场内饲养管理工作关系密切，应严格防疫，门口设置车辆消毒池、人员消毒更衣室。生产管理区与生产区间应有墙隔开，进生产区门口再设消毒池、更衣消毒室以及洗澡间。非本场车辆一律禁止入场。此区也应设在地势较高的上风向或偏风向。

（3）生产区。包括各类猪舍和生产设施，是猪场的最主要区域，禁止一切外来车辆与人员入内。饲料运输用场内小车经料库内门发放饲料，围墙处设有装猪台，售猪时经装猪台装车，避免装猪车辆进场。

（4）隔离区。此区包括兽医室、隔离猪舍、尸体剖检和处理设施、粪污处理区等。该区是卫生防疫和环境保护的重点，应设在地势较低的下风向，并注意消毒及防护。

2. 场内道路和排污

道路是猪场总体布局中一个重要组成部分，它与猪场生产、防疫有重要关系。猪场内应分出净道和污道，互不交叉。净道正对猪场大门，是人员行走和运送饲料的道路。污道靠猪场边墙，是处理粪污和病死猪等的通道，由侧后门运出。场内道路要求防水防滑，生产区不宜设直通场外的道路，以利于卫生防疫。

3. 场区绿化

猪场绿化可在猪场北面设防风林，猪场周围设隔离林，场区各猪舍之间、道路两旁种植树木以遮阳绿化，场区裸露地面上种植花草。

（二）建筑物布局

生活区和生产管理区宜设在猪场大门附近，门口分设行人和车辆消毒池，两侧设值班室和更衣室。生产区内种猪、仔猪应置于上风向和地势较高处。分娩猪舍要靠近妊娠猪舍，又要接近仔猪培育舍，育成猪舍靠近育肥猪舍，育肥猪舍设在下风向。商品猪舍置于离场门或围墙近处，围墙内侧设有装猪台，运输车辆停在围墙外。

二、猪舍建设

（一）场址选择

1. 地形和地势

地形要求开阔整齐，面积充足，符合当地城乡建设的发展规划并留有发展余地；要求地势平坦高燥、背风向阳，地下水位应在地面 2m 以下，坡度为最大不得超过 25%。

2. 水源和水质

要求水量充足、水质良好、取用方便，利于防护；养猪场必须要有符合饮用水卫生标准的水源。

3. 土壤类型

应选择土质坚实、渗水性强的沙壤土最为理想。

4. 社会联系

一般情况下，养猪场与居民区或其他牧场的距离为：中、小型场不小于 500m，大型场不小于 1 000m；距离各种化工厂、畜产品加工厂在 1 500m 以上；距离铁路和国家一、二级公路不少于 500m。

（二）猪舍类型

1. 猪舍建筑基本结构

猪舍的基本结构包括地面、墙、门窗、屋顶等。

（1）地面。猪舍地面关系舍内的空气环境、卫生状况和使用价值。地面要求保温、坚实、不透水、平整、不滑、便于清扫和清洗消毒；地面应斜向排粪沟，坡度为 2%~3%，以利保持地面干燥。猪舍地面分实体地面和漏缝地板。

①实体地面：采用土质地面、三合土地面或砖地面，虽然保温好，费用低，但不坚固、易透水、不便于清洗和消毒；若采用水泥地面，虽坚固耐用，易清洗消毒，但保温性能差。

②漏缝地板：由混凝土或木材、金属、塑料制成的，能使猪与粪、尿隔离，易保持卫生清洁、干燥的环境，对幼龄猪生长尤为有利。

（2）墙壁。墙壁是猪舍建筑结构的重要部分，它将猪舍与外界隔开，对舍内温湿度保持起重要作用。

（3）屋顶。要求坚固，有一定的承重能力，不透风，不漏水，耐火，结构轻便，同时必须具备良好的保温隔热性能。

（4）门窗。猪舍设门有利于猪的转群、运送饲料、清除粪便等。一栋猪舍至少应有两个外门，一般设在猪舍的两端墙上，门向外开，门外设坡道而不应有门槛、台阶。

窗户面积占猪舍面积的 $1/10 \sim 1/8$，窗台高 $0.9 \sim 1.2m$，窗上口至舍檐高 $0.3 \sim 0.4m$。

（5）猪舍通道。猪舍通道是猪舍内为喂饲、清粪、进猪、出猪、治疗观察及日常管理等工作留出的道路。猪舍通道分喂饲通道、清粪通道和横向通道 3 种。

（6）猪舍高度。猪舍高度一般为 $2.2 \sim 3.0m$。在以冬季保温为主的寒冷地区，适当降低猪舍高度有利于提高其保温性能；而在以夏季隔热为主的炎热地区，适当增加猪舍高度有利于使猪产生的热量迅速散失。

2. 猪舍建筑常见类型

（1）按屋顶形式。有单坡式、双坡式、联合式、平顶式、拱顶式、钟楼式、半钟楼式等。

（2）按墙的结构。有开放式、半开放式和密闭式。

①开放式：三面有墙，一面无墙，其结构简单，通风采光好，造价低，但冬季防寒困难。

②半开放式：三面有墙，一面设半截墙，略优于开放式。

③密闭式：分有窗式和无窗式。有窗式四面设墙，窗设在纵墙上，窗的大小、数量和结构应结合当地气候而定。无窗式四面有墙，墙上只设应急窗（停电时使用），与外界自然环境隔绝程度较高，舍内的通风、采光、舍温全靠人工设备调控，能为猪提供较好的环境条件，有利于猪的生长发育，提高生产率，但这种猪舍建筑、装备、维修、运行费用大。

（3）按猪栏排列。有单列式、双列式和多列式。

①单列式：猪栏一字排列，一般靠北墙设饲喂走道，舍外可设运动场，跨度较小，结构简单，省工省料造价低，但不适

合机械化作业。

②双列式：猪栏排成两列，中间设 1 条饲喂走道，有的还在两边设清粪道。猪舍建筑面积利用率高，保温好，管理方便，便于使用机械。但北侧采光差，舍内易潮湿。

③多列式：猪栏排列成 3 列以上，猪舍建筑面积利用率更高，容纳猪数更多，保温性好，运输路线短，管理方便。缺点是采光不好，舍内阴暗潮湿，通风不畅，必须辅以机械设备，人工控制其通风、光照及温湿度。

（4）按使用功能。按使用功能可分公猪舍、配种猪舍、妊娠猪舍、分娩哺乳猪舍、保育猪舍、生长猪舍、肥育猪舍和隔离猪舍等。

①公猪舍：指饲养公猪的圈舍。公猪舍多采用单列式结构，并在舍外向阳面设立运动场供公猪运动。

②配种猪舍：指专门为空怀待配母猪进行配种的猪舍。

③妊娠猪舍：指饲养妊娠母猪的猪舍。妊娠猪舍地面一般采用部分铺设漏缝地板的混凝土地面。

④分娩哺乳猪舍：简称分娩猪舍，亦称产仔舍，指饲养分娩哺乳母猪的猪舍。

⑤保育猪舍：亦称培育猪舍、断乳仔猪舍或幼猪舍，指饲养断乳仔猪的猪舍。

⑥生长猪舍：也称育成猪舍。生长猪一般采用地面饲养，并利用混凝土铺设部分或全部漏缝地板，猪栏通常采用双列或多列式。

⑦肥育猪舍：指饲养肥育猪的猪舍。

⑧隔离猪舍：指对新购入的种猪进行隔离观察或对本场疑似传染病但还具有经济价值的猪进行隔离治疗饲养的猪舍，主要功能是防止外购种猪将传染病带入本场，并防止本场猪群的相互接触传染。

第二节 猪的经济类型与品种

一、猪的经济类型

根据猪生产肉脂性能和体型结构的特点，分为瘦肉型、脂肪型和兼用型 3 种经济类型。

（一）瘦肉型

胴体瘦肉多，瘦肉率在 56% 以上，背膘厚 3cm 以下（含 3cm），体型结构为头部小，体躯长，体长大于胸围 15cm 以上，背平直或略弓，腹部平直，臀部丰满。生长速度快。

（二）脂肪型

胴体脂肪多，瘦肉少，瘦肉率在 45% 以下，背膘厚 4~6cm，体型结构为头颈较重、垂肉多，体型矮小，体长和胸围大致相等；体躯宽深而短，腹大下垂。

（三）兼用型

胴体瘦肉率与体形结构介于瘦肉型与脂肪型之间，如我国的培育猪种。

二、猪的品种

（一）地方品种

（1）民猪。原产于东北和华北部分地区。广泛分布于辽宁、吉林和黑龙江等省。头中等大，面直长，耳大下垂。体躯扁平，背腰窄狭，臀部倾斜。四肢粗壮。全身被毛黑色，毛密而长，猪鬃较多，冬季密生绒毛。成年公猪体重 195kg，成年母猪体重 151kg。乳头 7~8 对，产仔数 11~13 头。

（2）槐猪。产于上杭、漳平、平和。分布于龙岩的上杭、漳平、永定，三明的大田，漳州的平和、长泰、华安、南靖，泉州的安溪、德化、永春等十多个市、县。头短宽，额部有明

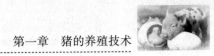

显的横行皱纹，耳小竖立，稍向前倾或向侧稍倾垂。体躯短，胸宽而深，背宽而凹，腹大下垂，臀部丰满。多卧系。尾根粗大，全身被毛黑色。成年公猪平均体重62.29kg，成年母猪平均体重65.17kg。乳头5~6对，经产母猪平均产活仔数9头。

（3）两广小花猪。由陆川猪、福绵猪、公馆猪和广东小耳花猪归并，1982年起统称两广小花猪。中心产区在陆川、玉林、合浦、高州、化州、吴川、郁南等地，分布于广东省和广西壮族自治区相邻的浔江、西江流域的南部。体型较小，具有头短、颈短、耳短、身短、脚短和尾短的特点。故有"六短猪"之称。额较宽，有"〈〉"形或菱形皱纹，中间有白斑三角星，耳小向外平伸。背腰宽广凹下，腹大拖地，体长和胸围几乎相等。被毛稀疏，毛色为黑白色。成年公猪体重130kg，成年母猪体重112kg。乳头6~7对，平均产仔8.2头。

（4）金华猪。原产于浙江省金华地区东阳县的划水、湖溪，义乌县的上溪、东河、下沿，金华县城孝顺、曹宅等地。主要分布于东阳、浦江、义乌、金华、永康、武义等县。体型中等偏小。耳中等大，下垂不超过口角，额有皱纹。颈粗短，背微凹，腹大微下垂，臀较倾斜。四肢细短。皮薄、毛疏、骨细。又称"两头乌"或"金华两头乌"猪。

成年公猪体重111kg，成年母猪体重97kg。乳头数多为7~8对，平均产仔数13.78头。

（5）太湖猪。由二花脸、梅山猪、枫泾猪、嘉兴黑猪、横泾猪、米猪、沙头乌等猪种归并，1974年起统称"太湖猪"。主要分布于长江下游，江苏省、浙江省和上海市交界的太湖流域。头大额宽，额部皱褶多、深，耳特大，软而下垂，耳尖齐或超过嘴角。全身被毛黑色或青灰色，毛稀疏，毛丛密，毛丛间距离大，腹部皮肤多呈紫红色，梅山猪的四肢末端为白色，俗称"四白脚"。成年公猪体重192kg，成年母猪体重172kg。乳头数多为8~9对，是全国已知猪品种中产仔数最高的一个品种，母猪头胎产仔12头，2胎14.48头，3胎及3胎以上

15.83 头。

（6）内江猪。主要产于四川省内江市和内江县，以内江市东兴镇一带为中心产区。体型大，体质疏松。头大，嘴筒短，额面横纹深陷成沟，额皮中部隆起成块，俗称"盖碗"。耳中等大、下垂。体躯宽深，背腰微凹，腹大不拖地，臀宽稍后倾，四肢较粗壮。皮厚，被毛全黑，鬃毛粗长。成年公猪体重170kg，成年母猪体重86kg。乳头粗大，一般 6~7 对，产仔数中等，约产仔 9 头。

（7）藏猪。产于我国青藏高原的广大地区。主要分布于西藏自治区的山南、昌都地区、拉萨市和四川省的阿坝藏族羌族自治州、甘孜藏族自治州，云南省的迪庆和甘肃省的甘南藏族自治州等地。体小。嘴筒长、直、呈锥形，额面窄，额部皱纹少，耳小直立或向两侧平伸，转动灵活。体躯较短，胸较狭，背腰平直或微弓，腹线较平，后躯较前躯高，臀部倾斜。四肢结实紧凑、蹄质坚实、直立。鬃毛长而密。被毛多为黑色。成年种猪的体重、体尺在不同产区存在一定差异，以云南省的藏猪体型较大。成年公猪体重达到 42kg，成年母猪体重达 80kg。乳头以 5 对居多，产仔 4.76 头。

（二）国外引进品种

（1）大约克夏猪。原产于英国北部的约克郡及其临近地区。体格大，全身被毛白色，故称大白猪。耳直立、中等大，头颈较长，嘴稍长微弯，体躯长，背腰平直或微弓，腹稍下垂。四肢较高。乳头 6 对以上。初产母猪产仔数 9~10 头，经产母猪产仔数 11~12 头。成年公猪体重 250~300kg，成年母猪体重 230~250kg。生长速度快，165d 体重可达 100kg。饲料利用率高，料重比（2.6~2.8）：1。胴体瘦肉率 64%~65%。通常利用它作为第一母本生产三元杂交猪。当前许多国家和地区根据自己的市场需要，培育出各自具有部分性能优势的品系，我国引入的大约克猪主要来自英国、美国、法国和加拿大等国，分别称为英系、美系、法系和加系。

（2）长白猪。原产于丹麦。全身被毛白色，耳大前倾，头、颈较轻，鼻嘴长直。体躯长，胸部有 16~17 对肋骨，背部平直稍呈弓形。四肢较高，后躯肌肉丰满，腹线平直，乳头 6 对以上，排列整齐。繁殖性能好，母猪产仔数在 11~12 头。生长速度快，158d 体重达 100kg。胴体瘦肉率 65%，是生产瘦肉型猪的优良母本。目前国内饲养的长白猪主要有丹系、美系、加系、英系和瑞系长白猪。

（3）杜洛克猪。原产于美国东部的新泽西州和纽约州等地。全身被毛呈棕红色或金黄色，色泽深浅不一。体躯高大、匀称紧凑，后躯肌肉丰满。头较小，颜面微凹，鼻长直，耳中等大小，向前倾，耳尖稍弯曲；胸宽而深，背腰稍弓，腹线平直，四肢粗壮强健。成年公猪体重 340~450kg，母猪 300~390kg。母猪产仔数 10 头左右。生长速度快，153~158d 体重达到 100kg。饲料利用率高，料重比稍低于 2.8：1。胴体瘦肉率在 65% 以上。通常利用它作为生产三元杂交猪的终端父本。目前，国内饲养的杜洛克主要有我国台湾培育的台系杜洛克、美系和加系杜洛克。

（4）汉普夏猪。由美国选育而成。全身主要为黑色，肩部到前肢有一条白带环绕。体型大，体躯紧凑，呈拱形。头大小适中，耳向上直立，中躯较宽，背腰粗短，后躯丰满。产仔数 9~10 头，瘦肉率 60% 以上。

（5）皮特兰猪。产于比利时的布拉帮地区。毛色灰白色并带有不规则的黑色斑点。头部清秀，嘴大且直，双耳略微向前立起，体躯呈圆柱形，腹部平行于背部，肩部肌肉丰满，后躯发达。呈双肌臀，四肢较粗。产仔数 9~10 头，生长较快，6 月龄体重达 90~100kg，饲料利用率高，料重比（2.5~2.6）：1。瘦肉率高达 70%，但肉质欠佳，肌纤维较粗，易发生猪应激综合征（PSS），产生 PSE 肉。近年选育出的抗应激皮特兰，在适应性和肉质上都有大幅度改进。

在规模化商品猪的生产中基本上不采用纯种，而是充分利用杂交优势。目前在生产中常用的杂交组合有杜长大或杜大长杂交组合、PIC配套系。

杜长大杂交组合：这个杂交组合在我国普遍使用，它是利用长白猪作母本与大约克公猪或用大约克母猪与长白公猪杂交，产生的杂交一代（长大或大长）母猪再与杜洛克公猪杂交，其后代（杜长大或杜大长）作商品猪。商品猪生后150~160d体重可达100kg以上，料重比（2.6~2.8）∶1。

PIC配套系：在我国北方地区饲养量大，PIC配套系是以长白猪、大约克、杜洛克和皮特兰等瘦肉型猪为基础，导入其他品种的血缘，育成专门化品系，专门化品系之间进行杂交，选出最佳组合。我国引进PIC曾祖代有4个专门化品系，经杂交生产商品猪。商品猪出生155d体重可达90kg以上，料重比（2.5~2.6）∶1。

第三节　种公猪养殖技术

俗话说"母猪好，好一窝；公猪好，好一坡"。种公猪的好坏对猪群的影响巨大，它直接影响后代的生长速度、胴体品质和饲料利用效率，因此养好公猪，对提高猪场生产水平和经济效益具有十分重要的作用。饲养种公猪的任务是使公猪具有强壮的体质，旺盛的性欲，数量多、品质优的精液。因此，应做饲养、管理和利用3个方面工作。

一、种公猪的饲养

（一）公猪的生产特点

公猪的生产任务就是与母猪配种。公猪与母猪本交时，交配时间长，一般为5~10min，多的可达20min以上，体力消耗大。公猪射精量多，成年公猪一次射精量平均250mL，多者可达500mL。精液中干物质占2%~3%，其中60%为蛋白质，其余为脂肪、矿物质等。

（二）公猪的营养需求

营养是维持公猪生命活动、生产精液和保持旺盛配种能力的物质基础。我国农业行业标准中猪的饲养标准推荐的配种公猪的营养需要见表1-1。

表1-1 配种公猪每千克养分需要量（NY/T 65—2004）

采食量 （kg/d）	消化能 （MJ/kg）	粗蛋白 质（%）	能量蛋白 比（kJ/%）	赖氨酸 （%）	钙 （%）	总磷 （%）	有效磷 （%）
2.2	12.95	13.5	959	0.55	0.70	0.55	0.32

能量对维持公猪的体况非常重要，能量过高过低易造成公猪过肥或太瘦，使其性欲下降，影响配种能力。一般要求饲粮消化量水平不低于12.95 MJ/kg。

蛋白质是构成精液的重要成分，从标准中可见，确定的蛋白质为13.5%，但生产中种公猪的饲粮蛋白质含量常常会达到15%~16%。在注重蛋白质数量供给的同时，应特别注重蛋白质的质量，注意各种氨基酸的平衡，尤其是赖氨酸、蛋氨酸、色氨酸。优质鱼粉等动物性蛋白质饲料因蛋白质含量高，氨基酸种类齐全，易于吸收，可作为种公猪饲粮优质蛋白质来源，使用比例在3%~8%。棉子饼（粕）在生产中常用于替代部分豆粕，以降低饲粮成本，但因含有棉酚（棉酚具有抗生育作用）而不能作为种猪的饲料。

矿物质中钙、磷、锌、硒和维生素A、维生素D、维生素E、烟酸、泛酸对精液的生成与品质都有很大影响，这些营养物质的缺乏都会造成精液品质下降，如维生素A的长期缺乏就会使公猪不能产生精子，而维生素E，又叫生育酚，它的缺乏更会影响公猪的生殖机能，硒与维生素E具有协同作用。因此在生产中应满足种公猪对矿物质、维生素的需要。

（三）饲喂技术

（1）根据种公猪营养需要配合全价饲料。配合的饲料应适口性好，粗纤维含量低，体积应小，少而精，防止公猪形成草腹，影响配种。

（2）饲喂要定时定量，每天喂 2 次。饲料宜采用湿拌料、干粉料或颗粒料。

（3）严禁饲喂发霉变质和有毒有害饲料。

二、种公猪的管理

（一）加强运动

运动能增进公猪体质和保持公猪良好体况，提高公猪的性欲，对圈养公猪加强运动很有必要。每天应驱赶运动 2 次，上、下午各 1 次，每次 1.5~2.0h、行程 2km。如果种公猪数量较多，可建环形封闭式运动场，让公猪在窄道内单向循环运动。

（二）定期称重及检查精液品质

公猪尤其是青年公猪应定期称重，检查其生长发育和体重变化情况，并以此为依据及时调整日粮和运动量。体重最好每月称重一次。公猪精液品质也要定期检查，人工授精的公猪每次采精都要检查精液品质，而采用本交的公猪也要检查 1~2 次。

（三）实行单圈饲养

公猪好斗，单圈饲养可有效防止公猪间相互咬架争斗，杜绝公猪间相互爬跨和自淫。

（四）做好防暑降温和防寒保暖工作

高温会使公猪精液品质下降，造成精子总数减少，死精和畸形精子增加，严重影响受胎率。公猪适宜的温度为 18~20℃，在规模化猪场，公猪都采用湿帘降温和热风炉供热系统，以确保公猪生活在适宜的环境温度中。

（五）其他管理

要注意保护公猪的肢蹄，对不良蹄形进行修整。及时剪去公猪獠牙，以防止公猪伤人。最好每天定时用刷子刷拭猪体，有利于人猪亲和及促进猪的血液循环和猪体卫生。建立合理的饲养管理操作规程，养成公猪良好的生活习惯。

三、种公猪的利用

种公猪的利用合理与否，直接影响公猪精液品质和使用寿命，合理利用种公猪，必须掌握适宜的初配年龄和体重，控制配种的利用强度。

（一）初配年龄

公猪的初配年龄，随品种、饲养管理和气候条件的不同而有所变化，我国地方品种性成熟较早，国外引进品种性成熟较晚，适宜的初配年龄为我国地方品种在生后 7~8 月龄，体重达 60~70kg，国外引进品种在生后 8~12 月龄，体重达 110~120kg。

（二）利用强度

青年公猪配种不宜太频繁，每 2~3d 配种 1 次，每周配种 2~3 次，成年公猪每天配种 1 次，配种繁忙季节每天配种 2 次，早、晚各 1 次，连续配种 5~6d 后应休息 1d，配种过度会显著降低精液品质，降低受胎率。

（三）公母比例与使用年限

在本交情况下，一头公猪可负担 20~25 头母猪的配种任务，而采用人工授精的猪场一头公猪可负担 400 头母猪的配种任务。公猪的淘汰率一般在 25%~30%。种公猪的使用年限一般为 3~4 年。

第四节 种母猪养殖技术

一、空怀母猪的养殖技术

空怀母猪是指从仔猪断奶到再次发情配种的母猪。空怀母猪饲养管理的任务是使空怀母猪具有适度的膘情体况，按期发情，适时配种，受胎率高。空怀母猪的体况膘情，直接影响母猪的再次发情配种。实践证明，母猪过肥或太瘦都会影响母猪的正常发情，空怀母猪七八成膘，母猪能按时发情并且容易配上、产仔多。七八成膘是指母猪外观看不见骨骼轮廓和不会给人肥胖感觉，用拇指稍用力按压母猪背部可触到脊柱。母猪体况太瘦，会使母猪发情推迟或发情微弱，甚至不发情，即使发情也难以配上。母猪膘情过肥，也会使母猪的发情不正常、排卵少、受胎率低、产仔少，所以空怀母猪的饲养应根据母猪的体况膘情来进行。

（一）空怀母猪的饲养

（1）空怀母猪的饲粮。供给空怀母猪的饲粮应是各种营养物质平衡的全价饲粮，其能量、蛋白质、矿物质、维生素含量可参照母猪妊娠后期的饲粮水平，消化能 12.55MJ/kg，粗蛋白质 12%，饲粮应特别注意必需氨基酸的添加和维生素 A、维生素 D、维生素 E 和微量元素硒的供给。

（2）饲喂技术。空怀母猪一般采用湿拌料，定量饲喂，每日喂 2~3 次。

①对于断奶时膘情适度、奶水较多的母猪，为防止母猪断奶后胀奶，引发乳房炎，在断奶前 3d 开始减料。断奶后按妊娠后期母猪饲喂，日喂料 2.0~2.5kg。

②对于体况膘情偏瘦的母猪和后备母猪则应采取"短期优饲"的办法，对于较瘦的经产母猪，在配种前的 10~14d，后备母猪则在配种前 7~10d 到母猪配上，每头母猪在原饲粮的基础上加喂 2kg 左右的饲料，这对经产母猪恢复膘情、按期发情、提高卵子质量和后备母猪增加排卵有显著作用，母猪配上后，转入妊娠母猪的饲养。

③对于体况肥胖的母猪，则应降低饲粮的营养水平和饲粮饲喂量，同时将肥胖的母猪赶到运动场，加强运动，使其尽快达到适度膘情，及时发情配种。

（二）空怀母猪的管理

（1）认真观察母猪发情，及时配种。国外引进品种，发情症状不如我国本地猪种明显，常出现轻微发情或隐性发情，所以饲养人员要仔细观察母猪的表现，每日用公猪早、晚2次寻查发情母猪，如果公猪在母猪前不愿走开，并有爬跨行为时，应将母猪做好记号，并再进一步观察，确认发情时，及时配种，严防漏配。

（2）营造舒适、清洁环境。创造一个温暖、干燥、阳光充足、空气新鲜的环境，有利于空怀母猪的发情、排卵。搞好猪舍清洁卫生和消毒。

（3）猪的配种。母猪的发情周期为18~23d，平均21d。母猪的发情周期指从上次发情开始至下次发情开始，叫做1个发情周期，可分为发情前期、发情持续期、发情后期和休情期4个阶段。

①发情鉴定：正常情况下，母猪断奶后1周左右发情，有些母猪在断奶后3~4d就开始发情，所以饲养员应细心观察，若有以下症状：母猪表现出兴奋不安、食欲减退、爬跨其他母猪（地方猪种常出现鸣叫、闹圈）；母猪阴户出现水肿、黏膜潮红、流出黏液；试情公猪赶入圈内，发情母猪会主动接近公猪跨爬等，说明母猪已发情。

②适时配种：母猪的发情持续期为2~5d，平均3d，猪的配种必须在发情持续期内完成，否则须等下个发情期才能再次配种。不同品种、不同年龄发情持续期不同，国外引进品种发情持续期较短，我国地方品种发情持续时间较长，老母猪发情持续时间较短，青年母猪发情持续时间较长，有"老配早、小配晚，不老不小配中间"之说。母猪适宜的配种时间是在母猪排卵前2~3h，即母猪开始发情后的19~30h，此时母猪发情症状表现为阴户水肿开始消退，黏膜由潮红变为浅红，微微皱折，流出的黏液用手可捏粒成丝，并接受试情公猪的爬跨，或检查人员用双手按压其背部，猪出现呆立不动，两腿叉开或尾巴甩

向一侧，此时配种，受胎率高。如果阴户水肿没有消退迹象，阴户黏膜潮红，黏液不能捏粒成丝，母猪不愿接受爬跨，则说明配种适期未到，还需耐心观察。反之，如果阴户水肿已消失，阴户黏膜苍白，母猪不愿接受公猪爬跨，则说明配种适期已错过。国外引进猪种发情症状不大明显，应特别注意。生产中，常在母猪出现发情症状后24h，只要母猪接受公猪爬跨，就可第1次配种，间隔8~12h再配第2次。一般1个情期配种2次，也有些猪场配种3次。

③配种方式：

重复配种：指在母猪发情持续期内，用1头公猪配种2次以上，其间隔时间为8~12h，如果上午配种，一般下午再配1次，或下午配种，隔天上午再配1次。采用重复配种母猪的受胎率高，生产中常用此法。

双重配种：指在母猪发情持续期内，用2头公猪分别与母猪配种，2头公猪配种间隔时间为5~10min，由于有2头公猪的血缘，所以此法只能用于商品猪的生产。

④配种方法：

人工辅助配种：如采用本交的猪场，应建专用的配种室。配种时应先挤掉公猪包皮中的积尿，并用0.1%浓度的高锰酸钾溶液对公、母猪的阴部四周进行清洁和消毒。然后稳住母猪，当公猪爬到母猪背上时，一手将母猪尾巴轻轻拉向一侧，另一手托住公猪包皮，使包皮口紧贴母猪阴户，帮助公猪阴茎顺利进入阴道，完成配种。当公猪体重显著大于或小于母猪时，都应采取措施给予帮助，应在配种室搭建一块10~20cm高的平台，当公猪体大时将母猪赶到平台上，再与公猪配种。反之则让公猪站立于平台上与母猪配种。配种完后轻拍母猪后腰，防止精液倒流。配种应保持环境安静，避免一切干扰。

人工授精：规模化猪场常采用此法，既可充分发挥优秀公猪的作用，又可减少公猪饲养量，降低生产成本。将经过人工采精训练的公猪进行采精，然后检查精液品质与稀释。当母猪

发情至最佳配种时间时，用输精管输入公猪精液，输精时应防止精液倒流。

二、妊娠母猪的养殖技术

妊娠母猪指从配种后卵子受精到分娩结束的母猪。妊娠母猪饲养管理的任务是使胎儿在母体内得到健康生长发育，防止死胎、流产的发生，从而初生仔猪体重大，体质健壮，同时使母猪体内为哺乳期贮备一定的营养物质。

（一）早期妊娠诊断

母猪配种后，食欲增加，被毛发亮，行为谨慎、贪睡，驱赶时夹尾走路，阴户紧闭，对试情公猪不感兴趣，可初步判定为妊娠。生产中常采用以下方法进行母猪的早期妊娠诊断。

（1）人员检查。在母猪配种后 18～24d 认真检查已配母猪是否返情，若未发现母猪返情，说明母猪可能已妊娠。

（2）公猪试情。每天上午、下午定时将试情公猪从已配母猪旁边赶过，观察已配母猪的反应，若出现兴奋不安等发情症状，说明母猪返情；若无反应，则说明可能已妊娠。为了确认，第 2 个情期用同样的方法再检查 1 次。

（3）超声波检查。利用胚胎对超声波的反射来进行早期妊娠诊断，效果很好。据介绍，配种 20～29d 诊断的准确率 80%，40d 以后的准确率为 100%。常用于猪的妊娠诊断的仪器有 A 型超声诊断仪和 B 型超声诊断仪（B 超）。A 型体积小，如手电筒大，操作简单，几秒钟便可得出结果。B 超体积较大，准确率高，诊断时间早，但价格昂贵。

（二）胚胎生长发育规律

卵子在输卵管壶腹部受精，形成受精卵后，在进行细胞分裂的同时，沿输卵管下移，3～4d 后到达子宫角，此时胚胎在子宫内处于浮游状态。在孕酮作用下，胚胎 12d 后开始在子宫角不同部位附植（着床），20～30d 形成胎盘，与母体建立起紧密联系。在胎盘未形成前，胚胎易受外界不良条件的影响，引起胚胎死亡。生产中，此阶段应给予特别关照。胎盘形成后，胚胎通过胎盘从母体中获得源源不断的营养物质，供自身的生长发育，在妊娠初期，胚胎体积小，重量轻，如妊娠30d每个胚胎重量只有2g，仅占初生仔猪体重的0.15%，随着妊娠时间的增加，胚胎生长速度加快，妊娠80d，每个胎儿重量达400g，占初生仔猪体重的29.0%。妊娠80d后，胎儿体重增长迅速，到仔猪出生时体重可达1 300~1 500g。

(三) 妊娠母猪的饲养

(1) 妊娠母猪的营养需要及特点。妊娠母猪从饲料摄取的营养物质除用于维持需要外，主要用于胎儿的生长发育和自身的营养贮备，青年母猪还将营养物质用于自身的生长。从上述胎儿生长发育规律可见，母猪在妊娠前80d，胎儿的绝对增长较少，对营养物质在量上的需求也相对较少，但对质的要求较高，特别是胎盘未形成前的时期，任何有毒有害物质，发霉变质饲料或营养不完善都有可能造成胚胎死亡或流产。母猪妊娠80d后，胎儿增重非常迅速，对营养物质的需要量也显著增加，同时，由于胎儿体积的迅速增大，子宫膨胀，使母猪消化道受到挤压，消化机能受到影响，所以此阶段应供给较多的营养物质。

母猪妊娠后，体内激素和生理机能也发生很大变化，对饲料中营养物质的消化吸收能力显著增强，试验证明，妊娠母猪在饲喂同样饲料的情况下，增重要高于空怀母猪。这种现象被称为孕期合成代谢。生产中可利用母猪孕期合成代谢来提高饲料的利用效率。

(2) 妊娠母猪的饲养方式。目前妊娠母猪的饲养大都采用"低妊娠、高泌乳"的饲养模式，即在妊娠期适量饲喂，哺乳期充分饲喂。在生产中应根据母猪体况，给予不同的饲养待遇。

① "步步高"的饲养方式：对于初产母猪，宜采用"步步高"的饲养方式，即在整个妊娠期，随妊娠时间的增加，逐步提高饲粮营养水平或饲喂量，到产前1个月达到最高峰，这样

可使母猪本身和胎儿都能得到良好的生长发育。

②"前粗后精"的饲养方式：对断奶后体况良好的经产母猪，可采用"前粗后精"的饲养方式。即在妊娠前期（前80d）按一般的营养水平饲喂，可多喂些粗饲料；妊娠后期（80d后）胎儿生长发育迅速，提高营养水平，增加营养供给，以精料为主，少喂青绿饲料。

③"抓两头带中间"的饲养方式：对断奶后体况很差的经产母猪，可采用"抓两头带中间"的饲养方式，即将整个妊娠期分为前期（配种至42d）、中期（43~84d）和后期（84d以后），在前期和后期提高饲粮营养水平，使母猪在产后迅速恢复体况和满足胎儿生长发育需要，在中期则给予一般的饲粮。

（3）饲喂技术。

①饲喂量：妊娠母猪的饲喂量在妊娠前84d，2.0~2.5kg/d，妊娠84d后，3.0~3.5kg/d，以母猪妊娠后期膘情达到八成半膘为宜，不可使母猪过肥或太瘦，并应根据母猪的体况、体重、妊娠时间和气温等具体情况作个别调整。有条件者可采用母猪自动饲喂系统，该系统能根据每头母猪的具体情况，自动决定每头母猪的饲喂量，并记录在案。

②饲喂次数：妊娠母猪一般日喂2~3次，饲喂的饲料可用湿拌料、颗粒料。喂料时，动作应迅速，用定量料勺，以最快速度让每一头母猪吃上料，最好能安装同步喂料器同时喂料。母猪对饲喂用具发出的声响非常敏感，喂料速度太慢，易引起其他栏的母猪爬栏、挤压，增大母猪流产的概率。

③饲喂妊娠母猪的饲粮应有一定的体积：妊娠前84d胎儿体积较小，饲粮容积可稍大一些，适当增加青、粗饲料比例，后期因胎儿生长体积较大，饲粮容积应小些。

④饲喂妊娠母猪的饲粮应有适当轻泻作用：在饲粮中可增大麸皮比例，麸皮含有镁盐，对预防妊娠母猪特别是妊娠后期母猪便秘有很好效果。

⑤饲喂妊娠母猪的饲料应多样化搭配，品质好，保证有充

足、清洁饮水；严禁饲喂发霉、变质、有毒有害、冰冻和强烈刺激性气味的饲料，不得给妊娠母猪喝冰水，否则会引起流产，造成损失。

⑥妊娠母猪饲养至产前3～5d视母猪膘情应酌情减料，以防母猪产后乳房炎和仔猪下痢。

第五节　哺乳母猪养殖技术

哺乳母猪是指从母猪分娩到仔猪断奶这一阶段的母猪。哺乳母猪饲养管理的任务是满足母猪的营养需要，提高母猪泌乳力，提高仔猪断奶重。

一、母猪的泌乳特点与规律

母猪有乳头6～8对，各乳头之间互不相通，各自独立。每个乳头有2～3个乳腺团，没有乳池，不能贮存乳汁，故仔猪不能随时吃到母乳。母猪泌乳是由神经和内分泌双重调节，经仔猪饥饿鸣叫和拱揉乳房的刺激，使母猪脑垂体后叶分泌催产素，催产素作用于乳房，促使母猪泌乳。母猪泌乳时间很短，1次泌乳只有15～30s。母猪泌乳后须1h左右才能再次放乳。每天放乳22～24次，并随产后时间的推移泌乳次数逐渐减少。母猪在产后1～3d，由于体内催产素水平较高，所以仔猪可随时吃到乳。

母猪产后1～3d的乳称为初乳，3d后称为常乳。初乳中干物质含量为常乳的1.5倍，其中免疫球蛋白含量非常丰富，初生仔猪必须通过吃初乳才能获得免疫能力。但初乳中免疫球蛋白的含量下降速度很快，在产后24h就接近常乳水平，所以应尽早让仔猪吃到初乳，吃足初乳。

母猪的泌乳量在产后4～5d开始上升，在产后20～30d达到泌乳高峰以后逐渐下降。产后40d泌乳量占全期泌乳量的70%～80%。

不同位置的乳头泌乳量不同，前3对乳头由于乳腺较多，泌乳也较多，见表1-2。

表1-2　不同乳头位置的泌乳量比例　　　（%）

乳头位置	1	2	3	4	5	6	7
所占泌乳量比例	23	24	20	11	9	9	4

由表1-2可见，前面3对乳头的泌乳量占总泌乳量的67%，而第7对乳头的泌乳量仅占4%。

不同胎次的母猪泌乳量也有较大差异，一般第1胎泌乳量较低，第2胎开始上升，以后维持在一定水平上。到第7、8胎开始下降。所以，规模化猪场的母猪一般在第8胎淘汰，年淘汰率在25%左右。

仔猪有固定乳头吃乳的特性，母猪产仔数少时，没有仔猪拱揉、吮吸的乳头便会萎缩。生产中可将一些产仔多的母猪的一部分仔猪寄养给产仔少的母猪喂乳，有利于仔猪的健康生长和母猪乳房的发育。

二、哺乳母猪的饲养

（一）哺乳母猪的营养需要

正常情况下，母猪在哺乳期内营养处于入不敷出状态，为满足哺乳的需要，母猪会动用在妊娠期贮备的营养物质，将自身体组织转化为母乳，越是高产、带仔越多的母猪，动用的营养贮备就越多。如果此时供给饲粮营养水平偏低，会造成母猪身体透支，严重者会使母猪变得极度消瘦，直接影响母猪下一个情期的发情配种，造成损失。所以，哺乳母猪的饲养都采用"高哺乳"的饲养模式，给哺乳母猪高营养水平的饲养，尽最大限度地满足哺乳母猪的营养需要。

（二）饲养技术

（1）哺乳母猪的饲喂量。哺乳母猪经过产后5~7d的饲养已恢复到正常状态，此时应给予最大的饲喂量，母猪能吃多少，就喂给多少，保证母猪吃饱吃好，一般带仔 10～12 头，体重 175kg 的哺乳母猪，每天饲喂 5.5～6.5kg 的饲粮。

（2）供给品质优良饲料，保持饲料稳定。饲喂哺乳母猪应采用全价配合饲料，饲料多样化搭配，供给的蛋白质应量足优，最好在配合饲料中使用 5% 的优质鱼粉，对于棉籽粕、菜籽粕都必须经过脱毒等无害化处理后方可使用。严禁饲喂发霉变质、有毒有害的饲料，以免引起母猪乳质变差造成仔猪下痢或中毒。要保持饲料的稳定，不可突然变换饲料，以免引起应激，引起仔猪下痢。

（3）供给充足饮水。猪乳中含水量在 80% 左右，保证充足的饮水对母猪泌乳十分重要，供给的饮水应清洁干净，要经常检查自动饮水器的出水量和是否堵塞，保证不会断水。

（4）日喂次数。哺乳母猪一般日喂 3 次，有条件的加喂 1 次夜料。

（5）饲喂青绿饲料。青绿饲料营养丰富，水分含量高，是哺乳母猪很好的饲料，有条件的猪场可给哺乳母猪额外喂些青绿饲料，对提高泌乳量很有好处。

（6）哺乳母猪的管理。给哺乳母猪创造一个温暖、干燥、卫生、空气新鲜、安静舒适的环境，有利于哺乳母猪的泌乳。在日常管理中应尽量避免一切会造成母猪应激的因素。保持猪舍的冬暖夏凉，搞好日常卫生，定期消毒。仔细观察母猪的采食、粪便、精神状态，仔猪的吃奶情况，认真检查母猪乳房和恶露排出情况，对患乳房炎、子宫炎及其他疾病的母猪要及时治疗，以免引起仔猪下痢。对产后无乳或乳少的母猪应查明原因，采取相应措施，进行人工催乳。

（三）防止母猪无乳或乳量不足

1. 母猪无乳或乳量不足的原因

（1）营养方面。母猪在妊娠和哺乳期间营养水平过高或过低，使母猪偏胖或偏瘦，或营养物质供给不平衡，或饮水不足等都会出现无乳或乳量不足。

（2）疾病方面。母猪患有乳房炎、链球菌病、感冒发烧等，将出现无乳或乳量不足。

（3）其他方面。高温高湿、低温高湿环境、母猪应激等，都会出现无乳或乳量不足。

2. 防止母猪无乳或乳量不足的措施

根据上述原因，预防母猪无乳或乳量不足的措施如下。

（1）做好妊娠和哺乳母猪的饲养管理，满足母猪所需要的各种营养物质。同时给母猪创造舒适的生活环境，给予精细的管理，最大限度地减少母猪的应激反应。

（2）做好疾病预防工作，防止母猪因病造成无乳或乳量不足。

（3）用以下方法进行催乳。

①将胎衣洗净切碎煮熟拌在饲料中饲喂无乳或乳量不足的母猪。

②产后 2~3d 内无乳或乳量不足，可给母猪肌内注射催产素，剂量为 10IU/100kg 体重。

③用淡水鱼煎汤拌在饲料中喂饲。

④泌乳母猪适当喂一些青绿多汁饲料，但要控制喂量，以保证母猪采食足够的配合饲料，否则会造成营养不良，导致母猪乳量不足。

⑤中药催乳法：王不留行 36g、漏芦 25g、天花粉 36g、僵蚕 18g、猪蹄 2 对，水煎分两次拌在饲料中喂饲。

第六节　肉猪养殖技术

一、肉猪的饲养

1. 营养需要

仔猪经过保育期的培育，从保育舍转入育肥猪舍时，猪的各项生理机能已发育完善、健全，此时，猪食欲旺盛，消化能力强，生长迅速，日增重随日龄增长而增加，至体重 90~100kg 时日增重达到高峰。为满足迅速生长，需从饲料中获取大量营养物。饲料营养的供给应注意能量、蛋白质水平以及两者间的比例平衡，适宜的能量水平有利于猪的快速生长，过高能量则在猪的体内被转化成脂肪沉积，影响胴体瘦肉率。能量不足则使猪的生长减缓，甚至将蛋白质转化为能量来满足猪对能量的需要。蛋白质是由氨基酸构成，猪对蛋白质的需要实际上是对氨基酸的需求，因此饲料应特别注意氨基酸的组成。各种氨基酸的比例，特别是限制性氨基酸如赖氨酸、色氨酸、蛋氨酸的供给，以提高饲料转化效率。矿物质、维生素也是猪快速生长的必需物质，应注意满足供给。

2. 饲养方式

（1）直线饲养方式。就是根据肉猪生长发育规律和不同生长阶段的营养需要，在肉猪生产的整个阶段都给予丰富均衡营养的饲养方式。生产中常将肉猪分为小猪（20~35kg）、中猪（35~65kg）和大猪（65~100kg）3 个阶段。此种饲养方式具有肉猪生长快、饲养周期短、饲料利用效率高的特点。

（2）"前高后低"的饲养方式。根据肉猪生长发育规律，兼顾肉猪的增重速度，饲料利用效率和胴体品质，将肉猪生产的整个阶段分为育肥前期（20~60kg）和育肥后期（60~100kg），育肥前期饲喂高能量高蛋白质全价饲料，并实行自由采食或不限量饲喂；后期则适当降低饲料中的能量水平，并实行限制饲喂，以减少肉猪脂肪沉积，提高胴体瘦肉率。

3. 饲喂方法

肉猪的饲喂主要采用自由采食和分餐饲喂。在小猪阶段一般采用自由采食，即每昼夜始终保持料槽有料，饲料敞开供应，猪什么时候肚子饿了，想吃料就有料吃，想吃多少就能吃多少。这样有利于猪的快速生长和个体均匀，整齐度较高。在中大猪

阶段常采用分餐饲喂，即每天定时定量饲喂，一般每天饲喂 2~3 次。可采用颗粒料、干粉料和湿拌料。湿拌料适口性较好，颗粒料和干粉料便于同时投料，减少饲喂时猪群的不安和躁动。定量饲喂有利于控制胴体脂肪沉积，提高瘦肉率。

4. 保证充足清洁的饮水

水是最重要的营养物质，体内新陈代谢都在水中进行。体内缺水达 10%时，就会引起代谢紊乱。饮用水是体内水分的最主要来源，所以应保证猪有充足的饮水。生产中，由于水来得容易，因此饮水问题常被忽视，导致猪群缺水。现在猪场都安装自动饮水器，应经常检查饮水器中水压的大小和是否堵塞。水压太大，水呈喷射状，使猪不敢喝水，导致缺水。水压太低，流量小，或因堵塞无水，而引起猪缺水。一些猪场设有高压水池和低压水池：高压水池供给生产用水，低压水池用于猪的饮水。同时，应注意供给饮水的水质，许多猪场采用地表水，而地表水往往大肠杆菌严重超标，使用时应注意消毒。对水中矿物质含量过高的硬水，建议不要使用。这在建场时就应对水质进行化验。

二、肉猪的管理

1. 实行"全进全出"饲养制度

在规模化猪舍中应安排好生产流程，在肉猪生产中采用"全进全出"饲养制度。它是指在同一栋猪舍同时进猪，并在同一时间出栏。猪出栏后空栏 1 周，进行彻底清洗和消毒。此制度便于猪的管理和切断疾病的传播，保证猪群健康。若规模较小的猪场无法做到同一栋的猪同时出栏，可分成两到三批出栏，待猪出完栏，对猪舍进行全面彻底消毒后，方可再次进猪。虽然会造成一些猪栏空置，但对猪的健康却很有益处。

2. 组群与饲养密度

肉猪群饲有利于促进猪的食欲和提高猪的增重，并充分有效利用猪舍面积和生产设备，提高劳动生产率，降低生产成本。猪群组群时应考虑猪的来源、体重、体质等，每群以 10 头左右为宜，最好采用"原窝同栏饲养"。若猪圈较大，每群以 15 头左右，不超过 20 头为宜。每头猪占地面积漏缝地板 $1.0m^2$ 头，水泥地面 $1.2m^2$/头。

3. 分群与调教

猪群组群后经过争斗，在短时间内会建立起群体位次，若无特殊情况，应保持到出栏。但若中途出现群体内个体体重差异太大，生长发育不均，则应分群。分群按"留弱不留强、拆多不拆少、夜合昼不合"的原则进行。猪群组群或分群后都要耐心做好"采食、睡觉和排泄"三定点的调教工作，保持圈舍的卫生。

4. 去势与驱虫

肉猪生产对公猪都应去势，以保证肉的品质，而母猪因在出栏前尚未达到性成熟，对肉质和增重影响不大，所以母猪不去势。公猪去势越早越好，小公猪去势一般在生后 15d 左右进行，现提倡在生后 5~7d 去势，早去势，仔猪体内母源抗体多，抗感染能力强，同时手术伤口小，出血少，愈合快。寄生虫会严重影响猪的生长发育，据研究，控制了疥螨比未控制疥螨的育肥猪，育肥期平均日增重高 50g，达到同等出栏体重少用 8~9d。在整个生产阶段，应驱虫 2~3 次，第 1 次在仔猪断奶后 1~2 周，第 2 次在体重 50~60kg 时期，可选用芬苯达唑、可苯达唑或伊维菌素等高效低毒的驱虫药物。

5. 加强日常管理

（1）仔细观察猪群。观察猪群的目的在于掌握猪群的健康状况，分析饲养管理条件是否适应，做到心中有数。观察猪群主要观察猪的精神状态、食欲、采食情况、粪尿情况和猪的行为。如发现猪精神萎靡不振，或远离猪群躺卧一侧，驱赶时也不愿活动，猪的食欲很差或不食，出现拉稀等不正常现象，应

及时报告兽医，查明原因，及时治疗。对患传染病的猪，应及时隔离和治疗，并对猪群采取相应措施。

（2）搞好环境卫生，定期消毒。做好每日 2 次的卫生清洁工作，尽量避免用水冲洗猪舍，防止污染环境。许多猪场采用漏缝地板和液泡粪技术，与用水冲洗猪舍相比，可减少 70% 的污水。要定期对猪舍和周围环境进行消毒，每周 1 次。

6. 创造适宜的生活环境

（1）温度。环境温度对猪的生长和饲料利用率有直接影响。生长育肥猪适宜的温度为 18～20℃，在此温度下，能获得最佳生产成绩。高于或低于临界温度，都会使猪的饲料利用率下降，增加生产成本。由于猪汗腺退化皮下脂肪厚，所以要特别注意高温对猪的危害。据研究，猪在 37℃ 的环境下，不仅不会增重，反而减重 350g/d。开放式猪舍在炎热夏季应采取各种措施，做好防暑降温工作；在寒冷冬季应做好防寒保暖，给猪创造一个温暖舒适的环境。

（2）湿度。湿度总是与温度、气流一起对猪产生影响，闷热潮湿的环境使猪体热散发困难，引起猪食欲下降，生长受阻，饲料利用率降低，严重时导致猪中暑，甚至死亡。寒冷潮湿会导致猪体热散发加剧，严重影响饲料利用率和猪的增重，生产中要严防这两种情况发生。适宜的湿度以 55%～65% 为宜。

（3）保持空气新鲜。在猪舍中，猪的呼吸和排泄的粪、尿及残留饲料的腐败分解，会产生氨、硫化氢、二氧化碳、甲烷等有害气体。这些有害气体如不及时排出，在猪舍内积留，不仅影响猪的生长，还会影响猪的健康。所以保持适当的通风，使猪舍内空气清新，是非常必要的。

7. 适时出栏

肉猪养到一定时期后必须出栏。肉猪出栏的适宜时间以获取最佳经济效益为目的，应从猪的体重、生长速度、饲料利用效率和胴体瘦肉率、生猪的市场价格、养猪的生产风险等方面综合考虑。从生物学角度，肉猪在体重达到 100~110kg 时出栏可获最高效益。体重太小，猪生长较快，但屠宰率和产肉量较少；体重太大，屠宰率和产肉量较高，但猪的生长减缓，胴体瘦肉率和饲料利用率下降。生猪的市场价格对养猪的经济效益有重大影响，当市场价格呈向上走势时，猪的体重可稍微养大一些出栏，反之则可提早出栏。当周边养殖场受传染病侵扰时，本场的养殖风险增大，应适当提早出栏。

第七节　土猪养殖技术

土猪是生长周期较长的品种，出生到 150kg，生长周期在 12 个月左右。

一、土猪的饲养方法

挑选土猪苗子时一定要选好是正宗的土猪苗。当然，自家土母猪产的最放心不过了。

土猪的生活场地最好是一个敞开的周围有围栏的空地。当然，如果没有，也可以圈养，把土猪关在猪圈里。

保证猪圈周围无任何污染。包括水污染、气体污染等。

猪的饲料把关要严格。将无污染、未撒过农药的粮食，如玉米、红苕苗、厚皮菜等用来喂猪。当然，如果要使主人放心，最好自己栽培这些粮食。

要给猪充分的活动空间和时间。这样猪的肉质才更结实。

注意防治病虫害。如果猪生病可以找专业医生诊疗，并将其隔离。

二、土猪与普通猪饲养方式比较

（一）生长环境

绿色创新型的养猪场对土猪的饲养是很重要的，大规模集约化的饲养方式很容易损害猪肉的品质，适时的放养利于猪肉品质的提高。

（二）喂养食物

普通猪喂养的是加工好的饲料，添加剂帮助猪快速生长。土猪喂养的是天然牧草，富含人体所需微量元素硒、硅等的蔬菜。定时对土猪放养，延长了土猪的生长周期，保证了猪的肉质。

（三）饲养理念

土猪肉饲养理念是使猪接近自然，让猪尽可能的自然生长。尽可能的减少使用添加剂，避免对肉质的损害。当然土猪的养殖光靠自然生长是不行的，还要依靠科学技术支持，如改良土猪的品种、制订科学健康的饲养方法等。土猪的养殖在科学饲养的框架内让猪自然生长。

三、饲料

土猪不像瘦肉型肉猪（生长进度快，瘦肉率高）那样以颗粒料为主，而主要以豆渣、啤酒渣、木薯渣、马蹄渣为主进行发酵后喂养，发酵料喂猪，能提高饲料利用率、发酵后产生的大量的蛋白质、脂肪等丰富的营养物质，能节省饲料，发酵后的能量饲料转化成菌体蛋白饲料，能有效降低饲养成本，改善饲料适口性，维护肠道健康。

四、疾病窗口期

土猪都有一个 40～80kg 的呼吸道疾病窗口期，在这个期间要注意猪群情况，要做药物保健，杜绝疾病的病发。

五、免疫接种

土猪和瘦肉型猪的疫苗都一样，只不过根据猪群的情况安排免疫程序，不过，土猪生长周期长，就是疫苗接种的次数要多，如猪瘟、伪狂，3～4 个月后就要补接种 1 次，不然呼吸道疾病多发。

第八节　育肥猪养殖技术

育肥猪一般是指 30kg 以上的猪。该阶段的猪生长速度最快，死亡率相对较低，饲料消耗占全程的 67% 左右，是猪场赚钱的最后冲刺阶段。育肥猪生产性能的发挥决定着一个猪场的盈利多少。

一、饲养要点

一是提倡自繁自养；二是外购猪要认真挑选、检疫；三是小心运输；四是注意新购猪的消毒、隔离、保健；五是防疫接种；六是舒适的环境；七是"吃、拉、睡"三点定位；八是合理、科学的配方；九是合理的投喂方式；十是减少饲料浪费；十一是合理、科学的防疫程序；十二是合理、科学的保健程序；十三是全进全出；十四是制定工作程序。

自繁自养及引进：由于受市场经济限制，猪价很难预测，加之疾病的侵袭，应提倡自繁自养。确需外引的，应注意品种、检疫、精挑、消毒、隔离、安全运输及减少应激等。具体的说，确定要购进的猪，引进的当天一般不予喂料，即便要喂，要尽可能喂原用饲料且小喂量，但必须保证饮水，并不忘记于饮水中添加电解多维及少量的抗生素；运输的过程中切记小心谨慎，一旦引进平稳便立即实施接种疫苗。

二、并栏原则

猪只生长过程少不了并栏，原则是并多不并少，并健不并弱，夜并昼不并，饥并饱不并。

三、全进全出的养殖技术模式

全进全出是猪场控制感染性疾病的重要途径。大部分种猪场都是按照全进全出的模式设计的，但在养猪效益好时，盲目扩群，导致密度增大，如果做不到完全的全进全出，就易造成猪舍的疾病循环。因为猪舍内留下的猪往往是生长不良的猪只、病猪或病原携带者，等下一批猪进来后，这些猪就可做为传染源感染新进的猪只，新进猪只就有可能发病，生长缓慢或成为僵猪，而转群时又流了下来，成为新的传染源。

如果猪场能够做到全进全出，就会避免这些现象的发生，从而降低这些负面影响给猪场带来的不必要损失。

四、加强养殖技术

小猪长骨，中猪长肉，大猪长膘。分清猪只生长阶段，结合其生理特点，分别给予不同的饲养管理，力求最大的经济效益。

1. 每日工作流程

首先要对猪群的健康状况进行全面检查，每次由圈外到舍内查看，接着是扫舍，投料，清粪，最后打针，搞卫生。入栏要警示，避免猪受惊吓。

2. 环境

环境条件舒适，猪的遗传和营养优势才能正常发挥。如适宜的太阳光照，对猪舍的杀菌、消毒、提高猪群的免疫力和抗病能力及预防佝偻病确有好处；勤换圈对肉猪和空怀母猪很有益，但不宜入住新猪（空怀时除外）。

3. 密度

饲养密度是影响养殖效益的原因之一。高密度饲养是节省了些圈舍，但圈舍中空气质量下降，猪只生长缓慢，打架现象增多，发病率升高等。生产中不可能达到理想的境界，但适宜的饲养密度还是要坚持的。冬天应比夏天饲养密度高些。

4. 通风

因为育肥阶段的主要是呼吸道疾病，而其发生与空气的质量有密切关系，空气质量与尘埃、氨气和其他有害气体的浓度有关，尘埃可携带大量的细菌和病毒，如不及时通风，污浊的空气被猪只吸入容易在肺脏沉积，从而引起疾病的发生。

5. 漏孔地板

漏孔便于粪尿的清除，但对饲料的浪费、运动的舒适等不见功劳。饲料中的蛋白质不可能被猪完全消化，通过消化道排除的粪便易生成氨气（溶于水生成氨水），活跃在地面上 40～70cm 的空间。氨水腐蚀性很强，极易破坏黏膜、呼吸道，所以漏孔地板离地面高度不能低于40cm。切不可完全漏孔，以 1/3 漏孔较合理。

6. 温度

温度过高与过低都不利于猪的生长及饲料的利用。如夏季靠近门口猪圈的猪生长速度、饲料利用率都比其他圈的高；冬季则相反。

在炎热的夏季，降温是关键的管理措施。降温的方法很多，有条件的猪场可采用水帘降温，没有条件的猪场可考虑房顶喷水，室外加遮阳网，也有的猪场采用喷雾、冲淋等方法，目的都是提高猪的舒适程度，提高采食量。

7. 营养

适口性好、营养平衡、价格便宜又利于猪的生长的饲料就是好饲料。生长育肥猪的饲料成本占猪场总饲料成本的近70%，因此，在育肥阶段节省饲料是最切实可行的，但是育肥阶段猪的生长速度快，身体和各内脏器官的发育不协调，所以其营养需求较高。赖氨酸为猪的第一限制性氨基酸，对猪的日增重、饲料利用率及酮体瘦肉率的提高具有重要作用，当赖氨酸占粗蛋白6%～8%时，其蛋白质的生物学价值最高；日粮中不可缺少粗粮，"过精"易导致猪的消化功能障碍、便秘、脂肪沉积快等。粗粮使用得当，能调节营养平衡，减低饲料成本，刺激胃肠蠕动，控制脂肪沉积，促进健康，此期营养要求：蛋白质 13%~15%，能量 12.97~13.97MJ/Kg，钙 0.50%~0.55%，磷 0.41%~0.46%，赖氨酸 0.56%~0.64%，蛋氨酸、胱氨酸 0.37%~0.42%。

如果这时营养不够充分，容易出现免疫力低下的问题。尤其是种猪在转群或长途运输过程中均可降低猪的采食量，而此时猪对营养物质特别是维生素等要求较高，如这时不增加育肥猪的营养就会造成相对的营养缺乏。育肥阶段的采食量最大，其饲料转化率将直接影响整个猪场的饲料消耗和经济效益，并不是饲料越便宜越省钱，关键是要确保饲料的质量，特别要注意霉菌毒素的污染。如果因饲料原因而造成猪只患病或生长受阻，从而影响种猪场的经济效益，就太得不偿失了。

8. 料型

不同生长阶段的猪应使用不同的料型，仔猪宜用水料与颗粒料，育肥猪和种母猪宜用湿料，种公猪最好用颗粒料。湿料可减少饲料浪费，提高饲料利用率，预防呼吸道疾病，但增加了工作量。湿料不同与水料，水料中的水所占比例大，如加入沸石粉因比重大下沉，利用率低，浪费大又污染环境。使用水料要现配现用，千万不可长时间放置。颗粒料不宜过大，颗粒直径以 0.6~0.8mm 为宜，过粗引起消化不良，长期使用过细的颗粒料可能引起胃溃疡。

9. 掌控适当的采食量

增强食欲、掌控适当采食量是提高生猪生产的重要措施。自由采食，固然省力，而且可减少饲料浪费，但对饲养水平不高的猪场来说并不是最佳选择，其主要原因是不能及时发现猪生病。另外，夜间喂料很重要。

饲料质量不好，或料槽设计不合理，猪只容易将饲料拱出来，造成浪费。所以，猪场设施的不合理也容易使猪只不能合理采食，并最终影响经济效益。

10. 饮水

保证育肥猪饮水充足，特别是在炎热的夏天，可降低猪的应激反应。当饮水器高度不合适，堵塞，水管压力小，水流速度缓慢，都会影响猪只的饮水量，在猪只的饲养过程中，缺水比缺料应激反应更严重。

11. 保健

所谓的保健不是指在日粮中添加药物和大剂量的抗生素，而是通过科学饲养、管理与合理的防疫，达到增强猪只免疫的功能、促进生长和确保猪肉绿色健康的目的。中草药副作用少，标本兼治，因此中西兽医结合的保健方法备受欢迎。

12. 加强对场区的管理

杜绝场外任何人、动物随意进入场区，同时加强场区的灭鼠、灭蚊蝇工作。

五、合理的用药方法

育肥阶段的用药应遵守国家的法律法规，不能添加违禁药物，还要遵守药物的停药期。长期用药、盲目用药既不安全也不经济。我们要在遵循用药规则的前提下，最大限度的发挥药物的药效。

猪只从保育舍转群到育肥舍后，可在饲料中连续添加1周的药物，如每吨饲料中添加80%支原净125g、15%金霉素2kg或10%强力霉素1.5kg，可有效控制转群后感染引起的败血症或育肥猪的呼吸道疾病。此药物组合还可预防甚至治疗猪痢疾和结肠炎。无论是呼吸道疾病还是大肠炎，都会引起育肥猪生长缓慢和饲料转化率降低，造成育肥猪生长不均，出栏时间不一，难以做到全进全出，最终影响经济效益。

对于育肥阶段的种猪，引种客户经过长途运输到场后应先让种猪饮水，并在饮水中添加电解多维，连续3d，以提高其抵抗力；每吨饲料中添加80%支原净125g、10%氟苯尼考600~

800g，连用 7~10d，可降低呼吸道疾病和大肠炎的发病率。对于打算出售的商品猪，出售前 15~20d 停止在饲料中添加抗生素等药物，保证猪肉的品质。

六、定期防疫

对国家规定的必须免疫的疾病，要定期进行免疫；对不属于国家强制免疫的疫病，要按各场根据其实际情况制定的免疫程序进行免疫。

每个养殖场都有自己的免疫程序，绝不可以照搬、照抄。免疫程序的制定应符合本场及当地的实际情况，一旦制定必须执行，不要轻易修改。疫苗的好坏，免疫程序的合理与否，其结果显而易见。如某些养殖场为贪图便宜，使用假冒伪劣疫苗结果损失惨重；由于误导、认识不足，一个养殖场打多种毒株同一种疫苗更不少见；还有的随意组合疫苗胡乱注射，如猪瘟与伪狂犬病或蓝耳病疫苗同时或者连续注射，更可怕的是把它们混合注射。是否接种某种疫苗，必须根据本场猪只抗体、健康指数监测的结果决定。

七、消毒净场

生猪出栏后要用 3 种以上的消毒药对圈舍进行全面消毒，并清洗晾干后才能对猪进行下一轮育肥。

第二章　牛的养殖技术

第一节　牛场规划与建设

一、牛场布局与规划

场址选择条件

1. 合适的位置

牛场的位置应选在供水、供电方便，饲草饲料来源充足，交通便利且远离居民区。

2. 地势高燥、地形开阔

牛场应选在地势高燥、平坦、向南或向东南地带稍有坡度的地方，既有利于排水，又有利于采光。

3. 土壤的要求

土壤应选择沙壤土为宜，能保持场内干燥，温度较恒定。

4. 水源的要求

创建牛场要有充足的、符合卫生标准的水源供应。

二、牛场的规划布局

按功能规划为以下分区：生活区、管理区、生产区、粪尿处理区和病牛隔离区。根据当地的主要风向和地势高低依次排列。

（一）生活区

建在其他各区的上风头和地势较高的地段，并与其他各区用围墙隔开一段距离，以保证职工生活区的良好卫生条件，也是牛群卫生防疫的需要。

（二）管理区

管理区要和生产区严格分开，保证 50 m 以上的距离，外来人员只能在管理区活动。

（三）生产区

应设在场区的较下风位置，禁止场外人员和车辆进入，要保证安全、安静。

（四）粪尿处理区

生产区污水和生活区污水收集到粪尿处理区，进行无害化处理后排出场外。

（五）病牛隔离区

建高围墙与其他各区隔离，相距 100 m 以上，处在下风向和地势最低处。

三、牛场建设

（一）肉牛舍建设

1. 牛舍类型

（1）半开放牛舍。半开放牛舍三面有墙，向阳一面敞开，有部分顶棚，在敞开一侧设有围栏，水槽、料槽设在栏内，肉牛散放其中。每舍（群）15~20 头，每头牛占有面积 4~5m²。这类牛舍造价低，节省劳动力，但冬天防寒效果不佳。

（2）塑料暖棚牛舍。塑料暖棚牛舍属于半开放牛舍的一种，是近年北方寒冷地区推出的一种较保温的半开放牛舍。

（3）封闭牛舍。封闭牛舍四面有墙和窗户，顶棚全部覆盖，分单列封闭舍和双列封闭舍。

2. 牛舍结构

（1）地基与墙体。地基深 80~100cm，砖墙厚 24cm，双坡式牛舍脊高 4.0~5.0m，前后檐高 3.0~3.5m。牛舍内墙的下部设墙围，防止水气渗入墙体，提高墙的坚固性、保温性。

（2）门窗。门高 2.1~2.2m，宽 2.0~2.5m。封闭式的窗应大一些，以高 1.5m，宽 1.5m，窗台高距地面 1.2m 为宜。

（3）屋顶。最常用的是双坡式屋顶。

（4）牛床。一般的牛床设计是使牛前躯靠近料槽后壁，后肢接近牛床边缘，粪便能直接落入粪沟内即可。

（5）料槽。料槽建成固定式的、活动式的均可。水泥槽、铁槽、木槽均可用作牛的饲槽。

（6）粪沟。牛床与通道间设有排粪沟，沟宽 35~40cm，深 10~15cm，沟底呈一定坡度，以便污水流淌。

（7）清粪通道。清粪通道也是牛进出的通道，多修成水泥路面，路面应有一定坡度，并刻上线条防滑。清粪道宽 1.5~2.0m。牛栏两端也留有清粪通道，宽为 1.5~2.0m。

（8）饲料通道。在饲槽前设置饲料通道。通道高出地面 10cm 为宜，饲料通道一般宽 1.5~2.0m。

（9）运动场。多设在两舍间的空余地带，四周栅栏围起，将牛拴系或散放其内。其每头牛应占面积为：成牛 15~20m²、育成牛 10~15m²、犊牛 5~10m²。

（二）奶牛舍建设

1. 牛舍类型

（1）舍饲拴系饲养方式。

①成奶牛舍：多采用双坡双列式或钟楼、半钟楼式双列式。双列式又分对头式与对尾式两种。每头成奶牛占用面积 8~10m²，跨度 10.5~12m，百头牛舍长度 80~90m。

②青年牛、育成牛舍：大多采用单坡单列敞开式。每头牛占用面积 6~7m²，跨度 5~6m。

③犊牛舍：多采用封闭单列式或双列式。

④犊牛栏：长1.2~1.5 m，宽1~1.2 m，高1 m，栏腿距地面20~30cm，应随时移动，不应固定。

（2）散放饲养方式。

①挤奶厅：设有通道、出入口、自由门等，主要方便奶牛进出。

②自由休息牛栏：一般建于运动场北侧，每头牛的休息牛床用85cm高的钢管隔开，长1.8~2 m，宽1~1.2 m，牛只能躺卧不能转动，牛床后端设有漏缝地板，使粪尿漏入粪尿沟。

2. 牛舍结构

（1）基础。要求有足够的强度和稳定性，必须坚固。

（2）墙壁。墙壁要求坚固结实、抗震、防水、防火，并具良好的保温与隔热特性，同时要便于清洗和消毒。一般多采用砖墙。

（3）屋顶。要求质轻，坚固耐用、防水、防火、隔热保温；能抵抗雨雪、强风等外力因素的影响。

（4）地面。牛舍地面要求致密坚实，不硬不滑，温暖有弹性，易清洗消毒。

（5）门。牛舍门高不低于2 m，宽2.2~2.4 m。

（6）窗。一般窗户宽为1.5~2 m，高2.2~2.4 m，窗台距地面1.2 m。

第二节　牛的主要品种

一、奶牛的主要品种

（1）荷斯坦牛。荷斯坦牛原名为荷兰黑白花奶牛，是历史最悠久的乳牛品种，以产奶量高闻名于世；又因其适应性强，世界各国都有饲养，且与当地牛杂交，育成了更适应当地环境条件并冠以本国名称的黑白花牛，对世界各国奶牛业的发展产生了不可估量的影响。

荷斯坦牛体型高大，结构匀称，头清秀，皮薄毛短脂肪少，后躯较前躯发达，乳房大而丰满，乳静脉粗大而弯曲。毛色黑白花，花片分明，额部多有白星，四肢下部、腹下和尾帚为白色。成年公牛体重900~1 200kg，成年母牛650~750kg，平均产奶量5 000~8 000kg，乳脂率3.6%~3.8%，泌乳性能良好。

（2）中国黑白花奶牛。是由国外引进的荷斯坦牛等品种，长期与我国各地的本地黄母牛杂交选育而形成的一个乳用品种牛。分南北两个品系，现已遍布全国，是我国的一个主要乳用品种牛。由于各省培育条件有别，致使该品种牛形成大、中、小3种体格类型，其成年母牛体高平均依次为136cm以上、133cm以上和130cm左右。中国黑白花奶牛毛色黑白相间，花片分明，额部多有白斑，腹底、四肢下部及尾端呈白色。有角，色蜡黄，角尖黑色，多由两侧向前向内弯肋。头清秀，颈细长，背腰平直，尻部一般平、方、宽；胸部宽深，腹部大，乳房发育良好，四肢端正，蹄正，整体结构匀称。成年公牛体重1 020kg，成年母牛575kg。标准泌乳期305d，平均产奶量约5 400kg，乳脂率3.3%~3.4%。妊娠期平均278d，产犊间隔340d。

二、肉牛的主要品种

（1）夏洛来牛。原产法国，是举世闻名的大型肉牛品种。

夏洛来牛体大力强，全身被毛白色或乳白色。头小而短宽，角圆而较长，颈粗短，胸宽深，肋骨弓圆，背宽肉厚，体躯呈圆筒状，荐部宽而长，肌肉丰满，后臀肌肉很发达。该牛生长速度快，瘦肉产量高。在良好饲养条件下，12月龄体重，公牛378.8kg、母牛321.6kg。屠宰率一般为60%~70%，胴体产肉率为80%~85%。与我国黄牛杂交效果：夏洛来牛与我国本地黄牛杂交，其后代体格明显加大，生长速度加快，效果较好。与黄色牛杂交，后代毛色多呈草白色或草黄色；与黑色牛杂交，后

代毛色多呈灰褐色。

（2）海福特牛。原产于英国，属中小型早熟肉牛品种。

海福特牛具有典型的肉用牛体型，颈短粗多肉，垂皮发达，体躯呈圆筒形，腰宽平，臀部宽厚，肌肉发达，四肢短粗，侧望体躯呈矩形。毛色橙黄或黄红色，具"六白"特征，即头、颈下、鬐甲、腹下、尾帚和四肢下部为白色，鼻镜粉红。成年公牛体重850～1 100kg，成年母牛600～700kg。增重速度快，生后200d内，日增重可达1.12kg，周岁重达410kg以上。

（3）安格斯牛。原产于英国，属小型肉牛品种，适于放牧饲养，对粗饲料利用能力强，耐干旱，易肥育，肉质好，繁殖力较强，周岁重可达400kg以上，屠宰率60%～65%。

三、兼用牛品种

（1）西门塔尔牛。西门塔尔牛原产于瑞士，在德国、法国、奥地利等国也有分布。由于该牛乳用与肉用性能都很突出，目前已成为世界上分布最广、数量最多的品种之一，我国各地都有饲养，是一个著名的乳肉兼用品种牛。

西门塔尔牛毛色多为黄白花或红白花，肩、腰部有条状白带，头、腹下部、腿和尾帚为白色，鼻镜、眼睑为粉红色。体格粗壮结实。头长面宽身躯长，肋骨开张，肌肉丰满，四肢粗壮，乳房发育中等，但泌乳力强。成年公牛体重1 000～1 300kg，成年母牛650～800kg。

该牛产奶和产肉性能都好。年平均产奶量为4 000kg，乳脂率4%。屠体瘦肉多，脂肪少，肉质好，平均日增重0.8～1.0kg，屠宰率为55%～65%。适应性强，耐粗放管理。

（2）短角牛。产于英国，为乳肉兼用种。早熟、肉质好、适应性和抗寒力强。毛多为深红或酱红色。400日龄体重412kg，屠宰率65%～68%，年产乳量为2 800～3 500kg。

（3）中国草原红牛。中国草原红牛是应用乳用短角牛与当地牛杂交选育而成的一个乳肉兼用品种牛，主产区为吉林省白城地区、内蒙古昭乌达盟及河北省张家口等地区。

该牛被毛紫红或深红，部分牛腹下、乳房部有白斑，鼻镜、眼圈粉红色。多数牛有角且向前外方，呈倒八字形。体格中等，成年公牛体重 700~800kg，成年母牛 450kg。在放牧条件下，年产奶量可达 1 500~2 500kg，乳脂率 4.0%以上。产肉性能良好，屠宰率平均 50.8%~58.2%，净肉率 41.0%~49.5%。繁殖性能良好，初情期多在 18 月龄出现。适应性好，耐粗放管理，对严寒酷热的草场条件耐力强，且发病率很低。

（4）三河牛。产于内蒙古呼伦贝尔盟等地，为乳肉兼用型。被毛为红白花片，头白色或有白斑，腹下、尾尖和四肢下部为白色，有角，体格较大，成年体重：公牛 1 050kg，母牛 547.9kg。年平均产奶量 2 000kg 以上，乳脂率 4.10%~4.47%。屠宰率 50%~55%，净肉率 44%~48%。

四、我国黄牛的主要品种

（1）蒙古牛。原产于兴安岭东西两麓，很多地方是一望无际的沙漠和草原地带，土层瘠薄，碱性重，雨量少，温差大。在这样的环境条件下，形成了蒙古牛耐粗放、生活力强、体质坚实的特性。

蒙古牛头短宽粗重，鬐甲和背近似水平，后躯较窄，毛色以黄褐及黑色较多。年平均产奶量 200~300kg，优秀者可达 2 198.8 kg，肉质较好，屠宰率秋季可达 50%，肥育后可达 58.6%。役用性强，持久耐劳。

（2）华北牛。产于陕、晋、冀、鲁、豫等省发达的农区，饲料条件较好，舍饲为主，最负盛名的有五大品种：秦川牛、南阳牛、鲁西牛、晋南牛和延边牛。

①秦川牛：产于陕西渭河流城的关中平原，体格高大，结构好。役力强，易肥育，肉质细嫩。中等营养的牛，屠宰率达 53.9%，净肉率为 45%，年产奶量 115kg。

②南阳牛：产于河南省南阳地区，分高脚牛、矮脚牛和短

脚牛3型，以短脚型最多。具有四肢短、体长、各部发育匀称、胸肌发达等特征。毛多为黄、红色。以役用为主，产肉性能差，屠宰率为55.5%，净肉率为45.8%。

③鲁西牛：产于山东西部，分为高辕型、抓地虎型、中间型，以中间型较多。体格高大，前躯较深，背腰宽广。毛以黄色为主。役、肉性能皆优。

④晋南牛：产于山西省南部，体格粗大，骨骼结实，前躯发育好，胸深而宽，毛以红色较多，黄色及褐色次之，役力强，产肉性能较好。

⑤延边牛：主产于吉林省延边朝鲜族自治州。粗壮结实，结构匀称，体躯宽深，被毛长而密，多呈黄色。役用性能较强，皮张质量较好。经短期肥育，屠宰率可达54%，净肉率为42%。

（3）华南牛。主产于华南各省及长江流域部分地区和云南、贵州、台湾省等地。华南各省多重山峻岭，丘陵交错，气候温和潮湿，青草期长，受生态环境影响，体格小于华北牛，并不同程度含有瘤牛血液。华南牛体躯小而丰厚，鬐甲隆起较高，形似瘤牛。毛色以黄、褐色为主。因分布地区差异大，故各地牛体格大小、生产性能差异较大，其中江苏荡脚牛体高力大，每日可耕地约0.4hm^2；海南黄牛产肉性能好；云南邓川牛泌乳力较强。

第三节　犊牛和育成牛养殖技术

一、犊牛的养殖技术

犊牛是指从初生至断奶（6月龄）的幼牛。牛在这一阶段，对不良环境抵抗力低，适应性差。但也是它整个生命活动过程中生长发育最迅速的时期。为提高牛群生产水平和品质，必须加强犊牛饲养管理。

（一）犊牛的饲养

1. 初乳期饲养

犊牛生后 10~20d 是培育的关键时期。

（1）初乳的作用。母牛产犊后 5~7d 内分泌的乳叫初乳。初乳对犊牛有很多特殊的作用。

①有较大的黏度：初生犊牛消化道不分泌黏液，吸收初乳后，初乳中较大的黏度能代替黏液而覆盖在胃肠壁上，可防止细菌直接入侵。

②有较高的酸度：初乳的酸度为 36~53T°。这种酸度对接牛有两个作用，即能有效地刺激胃黏膜产生胃酸和各种消化液，保护消化道免受病菌侵害。

③含有丰富的营养物质：初乳中蛋白质含量是常乳的 4~5 倍，且多数是球蛋白、白蛋白，可提供大量的免疫球蛋白，以增加犊牛的抵抗力。钙和磷的含量为常乳的 2 倍。还含有较多的镁盐，具有轻泻作用，能促进胎粪的排出。维生素 A、D、E 比常乳高 4~5 倍。因此，初乳是初生犊牛最理想的、不可代替的天然食物。但其成分随时间推移而逐渐下降。例如胡萝卜素的含量，第 1 次挤出的初乳中，每千克含 6 464mg，第 3 次挤出的初乳中，每千克含 1 992mg，第 5 天时仅为 6mg，因此哺喂犊牛必须注意一开始就让其吃足初乳。

（2）初乳的喂量。犊牛生后 0.5~1.0h，能自行站立时，就应喂给第一次初乳。初乳的喂量根据犊牛体重和健康状况而定。如 1 头 35kg 重、体质健康的犊牛，第 1 次喂乳应尽量让其吃足，喂量应不少于 1kg，以后可按其体重的 1/7~1/6 喂给，连续喂 5~7d 初乳，每昼夜喂 5~6 次。若初乳温度低则要加热至 37~38℃ 再喂，但加温不宜太高，若超过 40℃，初乳会凝固而不易消化。

哺喂犊牛必须定时、定量、定温。母牛的初乳若不能利用或分泌不足时，可配制人工初乳来代替。配方是：鲜奶 1kg，鸡蛋 2~3 个，食盐 10g，鱼肝油 15g，配好后充分拌匀混合，加温至 38℃后喂饮。

2. 常乳期饲养

犊牛经哺喂 5~7d 初乳后，即转哺喂常乳。目前犊牛的哺乳期已由原来的 6 个月缩短为 3~4 个月，总的喂奶量为 300~500kg，日喂 2~3 次，1d 的喂量可按犊牛体重的 1/10 左右计算。

犊牛最好先喂亲生母牛的全乳 15~20d 后，再转喂母牛群中的混合乳（常乳），以避免因过早喂给常乳而引起胃肠疾病。犊牛 1 月龄后，可逐步用人工乳代替全乳，以减少全乳消耗，降低培育成本。如犊牛哺乳期为 3~4 个月，奶的喂量为 300~500kg，喂奶量在各月的分配是：第 1 个月占总喂量的 40%，第 2 个月为 35%，第 3 个月为 25%。全乳与人工乳的比例，全乳占喂奶量的 30%，人工乳占 70%。

喂乳的方法常用的有 2 种。

（1）自然哺乳。即让犊牛跟随母牛自由哺乳。这是一种较原始的方法，只适于产乳量低的役用牛和肉用牛。此方法的优点是节省人力，犊牛不易得肠炎、下痢等疾病；缺点是易发生传染病，母牛的产乳量也无法统计，母牛产后发情期推迟。所以乳用牛及兼用牛不宜采用这种哺乳方法。

（2）人工哺乳。乳用及兼用犊牛均采用人工哺乳方法。哺乳用具有奶壶、奶桶。但最好用奶壶喂乳，奶壶上的橡皮乳嘴的流乳孔直径以 1~2μm 为宜。初生犊牛开始不会吸吮乳汁，饲养员可将两个手指洗净后浸入乳汁中，然后塞进犊牛嘴里，如此反复诱导 2~3 次，即可自动吸吮。

用奶壶进行人工哺乳可以防止犊牛猛饮而造成乳汁呛入肺部，并可按每头犊牛的具体情况掌握喂乳量；有利于乳液的保温和清洁，培养了犊牛温驯的性情。

3. 植物性饲料的补饲

提早训练犊牛吃植物性饲料，能促进瘤胃发育，尽早反刍，同时可防止舐食脏物污草。一般从犊牛生后 7 日龄开始在饲槽里投放优质干草，任其自由采食训练咀嚼，10 日龄左右即可训练吃精料。可用麸皮、燕麦粉、豆饼面、玉米面及少量鱼粉、食盐、骨粉、贝粉等配合成干粉料，每日喂 15～25g，撒在乳中或槽内任其舐食。待适应后，便可训练采食混合干湿料，以提高适口性，增加采食量。15 日龄后可增至80～100g。1 月龄可采食 250～300g，2 月龄每天采食 500g。生后 20d 始，在混合料中加入切碎的胡萝卜或甜菜 20～30g，到 2 月龄时日喂可达 1～1.5kg，1.5 月龄可喂给玉米青贮料 100～150g，4～6 月龄4～6kg。

4. 饮水的供给

水是机体新陈代谢不可缺少的物质，为使犊牛迅速生长发育，必须及早训练饮水。初乳期每次喂乳后 1～2h 补饮温开水1～2kg，15～20 日龄改饮清洁凉水，1 月龄后可在运动场饮水槽自由饮水。

（二）犊牛的管理

1. 卫生

每次哺乳完毕，用毛巾擦净犊牛口周围残留的乳汁，防止互相乱舐而导致"舐癖"。喂奶用具要清洁卫生，使用后及时清洗干净，定期消毒，犊牛栏要勤打扫，常换垫草，保持干燥；阳光充足，通风良好。

2. 运动

充分运动能提高代谢强度，促进生长。犊牛从 5 日龄开始每天可在运动场运动 15～20min，以后逐渐延长运动时间。1 月龄时，每天可运动 2 次，共为 1～1.5h；3 月龄以上，每天运动时间不少于 4h。

3. 分群

犊牛出生后立刻移到犊牛舍单栏饲养，以便精心护理（栏的大小为 1.0～1.2m²），饲养 7～10d 后转到中栏饲养，每栏 4～5

头。2 月龄以上放入大栏饲养，每栏 8~10 头。犊牛应在 10 日龄前去角，以防止相互顶伤。

4. 护理

每天要注意观察犊牛的精神状态、食欲和粪便，若发现有轻微下痢时，应减少喂奶量，可在奶中加水 1~2 倍稀释后饲喂；下痢严重时，暂停喂奶 1~2 次，并报请兽医治疗。每天用软毛刷子刷拭牛体 1~2 次，以保持牛体表清洁，促进血液循环，并使人畜亲和，便于接受调教。

二、育成牛的养殖技术

（一）育成牛的饲养

育成牛是指断奶至第 1 次产犊前的小母牛或开始配种前的小公牛。育成阶段的母牛，日粮以青、粗饲料为主，补喂适量精饲料，以继续锻炼和提高消化器官的功能。1 岁前的幼牛，干草和多汁料占日粮有效能的 65%~75%，精料占 25%~35%。1 岁以后的牛，干草和多汁料应占 86%~90%，精料 10%~15%。粗料品质较差时，可适当提高精料比例。冬季干草的利用每 100kg 体重为 2.2~2.5kg。其中的半数可用青贮料或块根类或叶茎多汁料代替，以每千克干草相当于 3~4kg 青贮料、5kg 的块根类饲料或 8~9kg 的叶菜类饲料计算，并根据精料品质和牛的月龄、体质，每日补充 1.0~1.5kg 精料。第 1 次分娩前 3~4 个月应酌情将精料增至 2~3kg，以满足胎儿发育和母体贮备营养的需要。但也要防止母牛孕期过肥，以免难产。

（二）育成牛的管理

犊牛满 6 月龄转入育成牛舍（或称青年牛舍），应根据大小分群，专人饲养，每人可饲养育成牛 30 头左右。应定期测量育成牛体尺、体重，以检查生长发育情况。

育成牛要有充足的运动，以锻炼其肌肉和内脏器官，促进血液循环，加强新陈代谢，增强机体对环境的适应能力。

刷拭有利于皮肤卫生，每天应刷拭 1~2 次。

育成牛一般在 16~18 月龄、体重 375~400kg 时配种。受胎后 5~6 个月开始按摩乳房，以促进乳腺组织发育并为产犊后接受挤奶打下基础。每天按摩 1 次，每次 3~5min，至产前半个月停止按摩。

育成牛要训练拴系、定槽、认位，以利于日后挤奶管理。要防止牛只互相吸吮乳头，发现有这种恶习的牛应及时淘汰。

第四节　奶牛养殖技术

一、影响奶牛产奶性能的因素

牛乳的形成要经过采食、消化、吸收、循环等一系列的生理生化反应过程，几乎涉及全身各个系统，加之产奶性状受多基因所控，因此影响奶牛产奶性能的因素是多方面的。归纳起来有遗传、生理与环境三大因素。

1. 遗传因素

主要是品种与个体两个方面。品种不同，乳用性能差异较大。同一品种的不同个体，即使环境条件相同，也会因个体间遗传基础、体重、性格、采食特性等方面的差异，而使泌乳性能产生很大的差异。

2. 生理因素

年龄与胎次、泌乳期、挤奶与按摩乳房、发情与妊娠、干乳期及母牛的健康状况等因素都会影响牛的泌乳性能。

奶牛的产奶量随着年龄和胎次的增加会发生规律性的变化，成年时达泌乳高峰，之后随着年龄和胎次的增加，产奶量逐步下降。奶牛在一个泌乳期内，产奶量也呈规律性的变化，刚产犊时产奶量较低，产后 1 个月左右可达产奶量的高峰期，持续 1~2 个月后，产奶量便开始下降。正确的挤奶和按摩乳房对提

高奶牛的泌乳性能至关重要。母牛发情时产奶量会出现暂时性的下降。妊娠对牛乳的成分影响较小，但对产奶量影响较大，尤其是妊娠后期会使产奶量显著下降直至干乳。适时干乳加上良好的饲养管理，会提高下一个泌乳期的产奶量。母牛患病或健康受损时，正常的生理功能受到破坏，会使产奶量下降，乳成分发生变化，泌乳系统和消化道疾病影响尤甚。

3. 环境因素

饲养管理和产犊季节是最为重要的两个因素。饲养方式、饲喂方法、挤奶技术、饲粮结构、营养水平、卫生管理等都会对泌乳性能产生直接影响，饲料条件尤为重要。此外，温度、季节、气候、放牧等因素也会影响母牛的泌乳性能。

二、泌乳母牛的管理

（一）产前产后护理

母牛临产前 7d 左右要对产房进行消毒，铺上新鲜垫草。再将牛体进行消毒，先把牛尾用绳系吊于脖上，再用 1% 的来苏尔或 0.1% 的高锰酸钾水消毒后躯，刷拭干净后入产房。母牛分娩时，要注意做好以下 4 件事。

（1）揩掉犊牛口中黏液，揩干身体。

（2）断脐带，留 10cm，消毒后用纱布包上结扎。

（3）当胎衣掉出后不要撞断，任其自行脱出。

（4）给母牛饮清洁温水。

（二）运动、刷拭和护蹄

乳牛除了每天坚持 2~3h 的户外驱赶运动外，还应在每次挤奶喂饲后，在运动场上逍遥活动，以增强体质。乳牛还应坚持每天刷拭 1~2 次，一般在挤奶前进行，刷拭顺序是由前到后，由一侧到另一侧，先逆毛后顺毛刷，夏天水刷为主，冬天干刷为主，以保持皮肤清洁，促进新陈代谢，改善血液循环。当乳牛出现畸形蹄时，会妨碍运动，降低产奶量，缩短利用年限，因此要加强护蹄。即随时清除污物，保持蹄壁蹄叉洁净。为防止蹄壁破裂，可常涂凡士林油；蹄尖过长应及时削去，一般每年春秋各一次，以及时矫正变形蹄。

（三）挤奶技术

挤奶有手工和机器两种方法。无论采用哪种方法，都必须具有熟练和正确的挤奶技术，才能充分发挥奶牛的生产潜力，获得量多质优的牛奶，并防止发生乳房炎。

1. 挤奶前的准备

（1）工具准备。挤奶必备的专用工具有奶桶、盛奶桶、清洁乳房水桶、过滤纱布、毛巾、肥皂、小凳、记录本、秤、工作服、胶靴等。

（2）清洗乳房。清洗乳房可保证乳汁清洁，促进乳静脉怒张，加快乳腺分泌乳汁和排乳速度，提高产奶量。清洁乳房的水温以 45～50℃ 为宜。

（3）按摩乳房。按摩乳房是对乳房的一种物理刺激，可在挤奶前和挤奶过程中进行。方法是，从上向下，从后向前反复按摩揉搓，等乳房显著膨胀，说明排乳反射已经开始，应立即挤奶。挤奶至最后阶段再按摩乳房一次，把乳房中的剩余乳全部挤出。

2. 挤奶方法

（1）手工挤奶。手工挤奶方法有以下两种。

①拳握法：即用拇指与食指握紧乳头基部，然后用中指、无名指和小指顺次自上而下的压榨乳头，通过有节奏的一紧一松连续地进行，将乳汁挤出。

②滑下法：即用拇指与食指夹紧乳头，由上而下滑动，两手反复进行，把乳汁挤出。这种方法由于手指往往接触乳汁，既影响乳汁卫生，又易使乳头损伤和变形，因此除乳头特别小的母牛外，一般不宜采用此法。

手工挤乳要求动作熟练，用力均匀，在挤奶开始和将近结

束前，挤奶速度可先稍缓慢，中间宜快，要求每分钟 80~120次、挤出奶 1~1.5kg。每次挤出的头几滴奶常有细菌污染，应挤入专门的桶内。

（2）机器挤奶。机器挤奶是利用真空造成乳头外部压力低于乳头内部压力的环境，使乳汁排出。机器挤奶速度快，能减轻劳动强度、节省劳力和提高奶的质量。一般从给母牛洗乳房开始到挤完奶卸下机器，只要 1~3min 就可完成。但使用机器挤奶，除需要专门培训工人熟练掌握机器设备的性能和使用方法等技术外，还应对母牛进行训练，使之适应机器挤奶。

（四）鲜奶的卫生处理

牛奶是一种营养丰富、容易消化吸收的优质食品，同时牛奶也是病原微生物的优良培养基，当它一旦被污染后，病原菌就从中迅速繁殖，成为传播疾病的根源。因此，必须将鲜奶进行卫生处理。

1. 鲜奶品质检查

通过视觉观察鲜奶的颜色。正常鲜奶为白色或微带黄色的不透明液体，并带有乳香味。若发现有红色、绿色或酸臭、腥等异味，则均为异常奶。还可采用牛奶密度计测定鲜奶 20℃ 时的相对密度，若牛奶中对了水，则相对密度降低。

2. 鲜奶净化

当每头乳牛的乳汁称重后，就进行过滤，用金属过滤筛将落入乳中的皮垢、牛毛、草屑、料渣等污秽物滤出。筛分 2 层，中间垫放脱脂棉，脱脂棉必须常更换，否则反而会增加污染。若无过滤器，可用 3~4 层纱布过滤。

3. 鲜奶的冷却消毒

鲜奶不论在消毒前或消毒后，都应进行冷却。冷却的温度越低，保存的时间越长。利用冷库、冰箱将鲜奶保藏冷却最理想。大型乳牛场的鲜奶，通常采用排管式冷却器冷却。小型乳牛场可采用水池冷却，即把鲜奶装入桶，将奶桶放入水池内浸泡降温。也可将奶桶吊在水井里冷却。

为了保证牛奶不变质，在鲜奶送到饮用者手中之前，应先经消毒处理。较好的方法是巴斯德氏消毒法。即将鲜奶引入有隔层的巴氏灭菌器（消毒锅），然后在隔层中间通入蒸汽，加热到65℃，并保持30min，再迅速冷却到4℃以下。

这种方法的优点是既能杀灭大多数病菌，又能最大限度地保持牛奶原有的特性和营养价值。

第五节　肉牛养殖技术

一、育肥前准备

将牙齿不好，或患有消化器官疾病的个体剔除，以免浪费饲料。

（一）驱虫

主要驱除消化道的寄生虫。

（二）分组

按性别、年龄、品种、体重及营养状况分成小群，每群头数不宜过多。

（三）去势

一般不作种用的公犊3～5月龄去势，成年公牛或杂种肉牛可在育肥前半个月去势。

（四）牛舍准备

冬季育肥需准备好保温牛舍，舍温保持在6℃以上。最少应建三面围墙、上面有盖、正面敞开的简易棚舍，以减少御寒的饲料消耗。

（五）牛体称重

牛在育肥前和每一育肥期完了，都要进行称重，以便计算个体增重。

二、育肥技术

（一）放牧育肥法

这是一种比较经济的育肥方法。广大牧区和丘陵山区都可采用。

放牧育肥的牛群不宜过大，以 50~100 头较适宜。放牧期我国北方为 6 个月左右（5 月初至 10 月底），南方为 6~7 个月。一般夏季产犊放牧饲养，冬季适当补料，到翌年秋季，肉牛活重可达 400~500kg 即可出栏，全期 18 个月左右。如果放牧饲养经过 2 个冬季，就得延长到 2.5 岁才能出栏。这样不仅出栏率低，还增加了饲养成本。

牛的生长发育特点是：出生后在充分饲养条件下，12 月龄以前生长速度较快，以后逐渐放慢，尤其到性成熟时生长速度更慢。因此，肉牛的屠宰年龄以 1.5~2 岁较宜，最迟不超过 2.5 岁。

为了合理利用草地，保证育肥效果，最好采用分区轮牧。即将放牧场分成若干小区，小区的数目和 1 次轮牧的持续时间，应根据草场的实际情况而定。每个小区的放牧时间应以保证每头牛得到足够的采草量而使草地不致践踏过度为原则。轮牧周期是根据采食以后草恢复到应有高度所需的时间来确定。一般草场多分为 6~8 小区，每区放牧 5~6d，在整个放牧期可轮牧 3~4 遍。每天的放牧安排是上午早出早归，下午晚出晚归，中午多休息。为保夏膘、抢秋膘，应尽量延长放牧时间，并进行夜牧。每昼夜平均在牧地放牧时间为 12h 以上。

（二）舍饲育肥法

（1）酒糟育肥。以酒糟为主要饲料来育肥牛，是我国的传统方法。具体做法是：在 3 个月的催肥期里，开始的日粮以干草为主，只给少量酒糟，以训练其习惯采食，经 15~20d 后，逐渐过渡到以酒糟为主，减少干草喂量。1 个月后，酒糟喂量可大幅度增加，每头日最大给量为 35~40kg，同时搭配少许精料及其他饲料，并日补食盐 50g。干草要铡短，然后将酒糟拌入，精料可在已吃七八分饱时拌入，促其饱食。每日喂饲 2 次，饮水 3 次，拴槽系喂，并于育肥后期将缰绳系短，以控制牛只自由活动。供饲的酒糟必须新鲜、优质，陈腐、霉败的酒糟一律不能饲喂。若牛体出现红疹、膝部及球关节红肿或腹部膨胀等症状，应立即停喂酒糟，适当增加干草与精料喂量，以调整其消化机能。

（2）青贮料育肥。带穗玉米青贮或玉米秸加尿素青贮，是育肥牛的理想饲料。育肥期的长短与喂饲原则，大致与酒糟育肥相同。玉米秸的最大饲喂量成年牛为 25~30kg，育成牛 15~20kg；日计食盐：成年牛 80~100g，育成牛 60~80g。如果玉米秸青贮料质量好，可不补或少补精料，但要喂足优质干草。

（3）甜菜渣育肥。利用制糖的副产品甜菜渣作为育肥牛的主要饲料十分经济，新鲜甜菜渣或干甜菜渣均可。干甜菜渣喂前需充分浸泡，清除杂质，每天每头最大饲喂量 35~45kg，食盐 50g，同时应补给优质干草和适量精饲料。

我国民间素有育肥菜牛的习惯，即将淘汰的成年乳牛及黄牛集中短期（80~120d）育肥，日粮以糟粕为主，加少许精饲料和干草。育肥期牛只不运动，单独拴在矮木桩上，以限制其活动，提高增重。

（三）肉用牛增重剂的应用

凡是能促进牛体氮的沉积、增加采食量和提高肉牛生长速度的物质都称为增重剂，如瘤胃素、尿素等。

（1）瘤胃素的应用。瘤胃素是一种促进肉牛增重的饲料添加剂。适用于体重 180kg 以上的生长牛和放牧育肥牛。每头每天用 200mg，混于精料中喂给或每吨饲料中加入 30g 混匀，分次喂给。

（2）尿素的应用。利用尿素喂牛，代替一部分蛋白质饲料，是解决肉牛蛋白质需要的有效途径。尿素对肉质无不良影响，但要注意饲喂方法和控制给量，以防中毒。要求尿素与精料、干料混匀，拌在秸秆中喂，由少到多，使牛有十几天逐步适应的过程。其喂量，一般要求为日粮干物质的1%，或每100kg体重20～30g。

为了防止尿素中毒，可将尿素加入玉米青贮中，其比例是每100kg青贮饲料中加入0.5～0.6kg溶解后的尿素，经充分搅匀；也可将尿素加入由秸秆粉、能量饲料和矿物质饲料组成的颗粒饲料中，以延缓尿素在瘤胃中水解的速度，使瘤胃微生物能充分利用氨态氮。若发现尿素中毒，可及时灌服2%醋酸液200～300mL或食醋2kg，对水3kg或灌服10%醋酸钠和葡萄糖的混合液100～150mL。

第三章　羊的养殖技术

第一节　羊场规划与建设

一、羊场的规划与布局

(一) 场地的选择

羊场场址选择时应根据其生产特点、经营形式、饲养管理方式进行全面考虑。场址选择应遵循以下基本原则。

1. 地形地势

羊场要求地势高燥，向阳避风，地下水位低，地形平坦，开阔整齐，有足够的面积，并留有一定的发展余地。

2. 饲料饲草的来源

羊场饲草饲料应来源方便，充分利用当地的饲草资源。以舍饲为主的农区，要有足够的饲料饲草基地或饲草饲料来源。而北方牧区和南方草山草坡地区要有充足的放牧场地及大面积人工草地。

3. 水源条件好

要有充足而清洁的水源，且取用方便，设备投资少。切忌在严重缺水或水源严重污染地区建场。

4. 交通、通信方便，能源供应充足

要远离主干道，与交通要道、工厂及住宅区保持 500 ~ 1 000m距离，以利于防疫及环境卫生。

（二）场区规划和平面布局

1. 场区规划

按羊场的经营管理功能，可划分为生活管理区、生产区和病羊隔离区。

生活管理区包括羊场经营管理有关的建筑物，羊的产品加工、贮存、销售，生活资料供应以及职工生活福利建筑物与设施等，应位于羊场的上风向和地势较高地段，以确保良好的环境卫生。

生产区包括各种羊舍、饲料仓库、饲料加工调制建筑物等。建在生活管理区的下风向，严禁非生产人员及外来人员出入生产区。

病羊隔离区包括兽医室、病羊隔离舍等，该区应设在生产区的下风向处，并与羊舍保持一定距离。

2. 场区的平面布局

羊场的建筑物布局应根据羊场规模、地形地势条件及彼此间的功能联系进行统筹安排。

生活管理区的经营活动与外界社会经常发生极密切的联系，该区位置的确定应设在靠近交通干线、靠近场区大门的地方，并与生产区有隔离设施。

生产区是羊场的核心，应根据其规模和经营管理方式，进一步规划小区布局。应将种羊、幼羊、商品羊分开设在不同地段，分小区饲养管理。病羊隔离舍应尽可能与外界隔绝，并设单独的通路与出入口。

二、羊舍建设及内部设施

（一）羊舍建筑设计的基本技术参数

1. 羊舍的环境要求

（1）羊舍温度。羊舍适宜温度范围 8~21℃，最适温度范围 10~15℃。冬季产羔舍舍温应不低于 8℃，其他羊舍不低于 0℃；

夏季舍温不超过 30℃。

（2）羊舍湿度。羊舍内的适宜相对湿度为 50%~70%，最好不要超过 80%。羊舍应保持干燥，地面不能太潮湿。

（3）羊舍的通风换气。通风换气的目的是排出舍内的污浊气体，保持舍内空气新鲜，防止羊舍内的 NH_3、H_2S、CO_2 等含量超标，危害羊只的健康。

（4）羊舍光照。羊舍采光系数即窗的受光面积与舍内地面的面积比，成年羊舍 1:15，高产绵羊舍 1:（10~12），羔羊舍 1:（15~20）。保证冬季羊床上有 6 h 的阳光照射。

2. 羊舍的基本结构要求及其技术参数

（1）羊舍面积。产羔舍可按基础母羊数 20%~25% 计算面积，运动场一般为羊舍面积 2~2.5 倍，成年羊运动场面积按每只 4 m^2 计算。

（2）地面。羊舍的地面有实地面和漏缝地面两种。

（3）墙。墙体是羊舍的主要围护结构，有隔热、保暖作用。

（4）门。羊舍一般门宽 2.5~3.0 m，高 1.8~2.0 m。

（5）窗。窗设在羊舍墙上，起到通风、采光作用。

（6）屋顶与天棚。屋顶是羊舍上部的外围护结构，具有防雨雪、风沙和保温隔热的功能。天棚是将羊舍与屋顶下空间隔开的结构。其主要功能可加强房屋的保温隔热性能，同时也有利于通风换气。

羊舍净高以 2.0~2.4 m 为宜，在寒冷地区可降低其高度。单坡式羊舍一般前高 2.2~2.5 m，后高 1.7~2.0 m，屋顶斜面呈 45°。

（二）羊舍及附属设施

1. 羊舍类型

羊舍类型按屋顶形式可分为单坡式、双坡式、钟楼式或拱式屋顶等；按墙通风情况有封闭舍、开放舍及半开放舍；按地面羊床设置可分双列式、单列式等不同的类型。下页列举几种较为常见的羊舍。

（1）半开放双坡式羊舍。这种羊舍三面有墙，一面有半截长墙，故保湿性较差，但通风采光良好。平面布局可分为曲尺形，也可为长方形。

（2）封闭式双坡式羊舍。这种羊舍四周墙壁密闭性好，双坡式屋顶跨度大。若为单列式羊床，走道宽1.2 m，建在栏的北边，饲槽建在靠窗户走道侧，走道墙高1.2 m（下部为隔栅），以便羊头从栅缝伸进饲槽采食。亦可改为双列式，中间设1.5 m宽走道，走道两侧分设通长饲槽，以便补饲草料。

（3）楼式羊舍。这种羊舍羊床距地面1.5～1.8 m，用水泥漏缝预制件或木条铺设，缝隙宽1.5～2.0cm，以便粪尿漏下。羊舍南面为半敞开式，舍门宽1.5～2.0 m。通风良好，防暑、防潮性能好，适合南方多雨、潮湿的平原地区采用。

（4）吊楼式羊舍。这种羊舍多利用山坡修建，距地面一定高度建成吊楼，双坡式屋顶，封闭式或南面修成半敞开式，木条漏缝地面或水泥漏缝预制件铺设，缝隙宽1.5～2.0cm，便于粪尿漏下。这种羊舍通风、防潮、结构简单，适合广大山区和潮湿地区采用。

2. 羊场附属设施

（1）饲料青贮设施。青贮饲料是农区舍饲或冬春补饲的主要优质粗饲料。为了制作青贮饲料，应在羊舍附近修建青贮窖或青贮塔等设施。

①青贮窖：一般是圆桶形、长方形，为地下式或半地下式。窖壁、窖底用砖、石灰、水泥砌成。

②青贮塔：用砖、石、钢筋、水泥砌成。可直接建造在羊舍旁边，取用方便。

（2）饲槽和饲草架。

①固定式永久饲槽：通常在羊舍内，尤以舍饲为主的羊舍应修建固定式永久性饲槽。

②悬挂式草架：用竹片、木条或钢筋、三角铁等材料做成

的栅栏或草架，固定于墙上，方便补饲干草。

（3）活动栅栏。活动栅栏可供随时分隔羊群之用。在产羔时也可临时用活动栅栏隔成母仔栏。通常羊场都要用木板、钢筋或铁丝网等材料加工成高 1 m，长 1.2 m、1.5 m、2~3 m 不等的栅栏。

（4）药浴池。羊药浴池一般为长方形狭长小沟，用砂石、砖、水泥砌成。池的深度不少于 1 m，长约 10 m，上口宽 50~80cm，池底宽 40~60cm，以一只羊能通过而不能转身为宜。池的入口处为陡坡，以便羊只迅速入池。出口端筑成台阶式缓坡，以便消毒后的羊只攀登上岸。入口端设储羊栏，出口端设滴流台，使药浴后羊只身上多余的药液回流池内。

第二节 羊的经济类型与主要品种

一、绵羊的经济类型

全世界现有绵羊品种 600 多个，按其生产方向可分为细毛羊、半细毛羊、粗毛羊和毛皮用羊 4 种经济类型。

（一）细毛羊

细毛羊全身披满绒毛，产毛量高，腹下毛拖至地面，毛丛结构良好，呈闭合型，毛绒呈有较小而密的半圆形弯曲，毛长 8~12cm，细度达 60~64 支。细毛羊分为毛用、毛肉兼用和肉毛兼用 3 种。

（1）毛用细毛羊。毛用细毛羊每千克体重可产净毛 50g 以上，公羊有发达的螺旋形角，母羊无角，颈部有 2~3 个皱褶，体躯有明显皱褶，头和四肢绒毛覆盖度好，产净毛较多。如引入的苏联美利奴羊、斯塔夫洛波羊、澳洲美利奴羊及中国美利奴羊等。

（2）毛肉兼用细毛羊。毛肉兼用细毛羊每千克体重可产净毛 40~50g，绝对产毛量不低于毛用细毛羊。此种羊体格较大，肌肉发达，公羊有螺旋形角，颈部有 1~2 个皱褶。母羊无角，颈部有发达的纵皱褶。如引入的高加索羊、阿斯卡尼羊和我国育成的新疆细毛羊、东北细毛羊、内蒙古细毛羊、敖汗细毛羊等。我国育成的品种耐粗饲、耐寒暑、适应性好、抗病力强，但其外貌的一致性、产毛量及毛的品质等方面还有待改进和提高。

（3）肉毛兼用细毛羊。肉毛兼用细毛羊体躯宽深，肌肉发达。颈部和体躯缺乏皱褶，较早熟，每千克体重产净毛 30~40g，屠宰率 50%以上。如德国美利奴羊和泊列考斯羊等。

（二）半细毛羊

半细毛羊品种分为 3 类，第 1 类为我国地方良种，如同羊和小尾寒羊，其羊毛品质接近半细毛羊，但产毛量低于现代育成的半细毛羊。第 2 类为早熟肉用半细毛羊，此品种大部分由英国育成，可分为中毛肉用羊（如南丘羊、陶赛特羊等）和长毛肉用羊（如林肯羊、罗姆尼羊、边区莱斯特羊等），前者早熟、肉质优美、屠宰率高、毛细而短，后者毛较粗、长，肉用性能良好。第 3 类为杂交型半细毛羊，是以长毛种半细毛羊和细毛羊为基础杂交育成的，如考力代羊、茨盖羊。

（三）粗毛羊

粗毛羊的被毛为异质毛，由多种纤维类型所组成（包括无髓毛、两型毛、有髓毛、干毛及死毛）。粗毛羊均为地方品种，缺点为产毛量低、羊毛品质差、工艺性能不良等，但也具有适应性强、耐粗放的饲养管理条件及严酷的气候条件、皮和肉的性能好等优点，特别是夏秋牧草丰茂季节的抓膘能力强，并能在体内贮积大量脂肪供冬春草枯季节消耗用，如蒙古羊、西藏羊、哈萨克羊等。

（四）毛皮用羊

主要用于生产毛皮，耐干旱、炎热和粗饲，如卡拉库尔羊、湖羊、滩羊。

二、羊的主要品种

(一) 绵羊的主要品种

1. 细毛羊品种

(1) 澳洲美利奴羊。原产于澳大利亚和新西兰，是世界上最著名的细毛羊品种。

澳洲美利奴羊体型近似长方形，腿短，体宽，背部平直，后躯肌肉丰满，公羊颈部有 1~3 个发育完全或不完全的横皱褶，母羊有发达的纵皱褶。该品种羊的毛被、毛丛结构良好，毛密度大，细度均匀，油汗白色，弯曲均匀、整齐而明显，光泽良好。羊毛覆盖头部至两眼连线，前肢至腕关节或以下，后肢至飞节或以下。根据体重、羊毛长度和细度等指标的不同，澳洲美利奴羊分为超细型、细毛型、中毛型和强毛型 4 种类型，而在中毛型和强毛型中又分为有角系与无角系 2 种。

细毛型品种，成年公羊体重 60~70kg，产毛量 7.5~8.5kg；细度 64~70 支，长度 7.5~8.5cm；成年母羊，剪毛后体重 33~40kg，细度 64~70 支，长度 7.5~8.5cm。产毛量 7.5~8.5kg。

(2) 波尔华斯羊。原产于澳大利亚维多利亚州的西部地区。成年公羊体重 56~77kg，成年母羊 45~56kg。成年公羊剪毛量 5.5~9.5kg，成年母羊 3.6~5.5kg。毛长 10~15cm。细度 58~60 支。弯曲均匀，羊毛匀度良好。

(3) 苏联美利奴羊。产于苏联，是苏联数量最多、分布最广的细毛羊品种。主要分为 2 个类型：毛肉兼用型和毛用型。毛肉兼用型羊很好地结合了毛和肉的生产性能，有结实的体质和对西伯利亚严酷自然条件很好的适应性能，成熟较早。毛用型羊产毛量高，羊毛的细度、强度、匀度等品质均比较好；但羊肉品质和早熟性较差，体格中等，剪毛后体躯上可见小皱褶。苏联美利奴成年公羊的体重平均为 101.4kg，母羊 54.9kg；成年公羊剪毛量平均为 16.1kg，母羊 7.7kg。毛长 8~9cm，细度以

54 支左右。

（4）东北毛肉兼用细毛羊。简称东北细毛羊。产于我国东北三省，内蒙古、河北等华北地区也有分布。东北细毛羊是用苏联的美利奴、高加索、斯达夫洛波、阿斯卡尼和新疆等的细毛公羊与当地杂种母羊育成杂交，经多年精心培育，严格选择，加强饲养管理，于1967年育成。

东北细毛羊体质结实，体格大，体形匀称。体躯无皱褶，皮肤宽松，胸宽紧，背平直，体躯长，后躯丰满，肢势端正。公羊有螺旋形角，颈部有1~2个完全或不完全的横皱褶。母羊无角，颈部有发达的纵皱褶。被毛白色，闭合良好，有中等以上密度，体侧部12个月毛长7cm以上（种公羊8cm以上），细度60~64支。细毛着生到两眼连线，前肢至腕关节，后肢达飞节，腹毛长度较体侧毛长度相差不少于2cm。呈毛丛结构，无环状弯曲。成年公羊剪毛后体重99.31kg，剪毛量14.59kg；成年母羊体重为50.62kg，剪毛量5.69kg。

（5）青海毛肉兼用细毛羊。简称青海细毛羊，是用新疆细毛羊、高加索细毛羊、萨尔细毛羊为父本，当地的西藏羊为母本，采用复杂育成杂交于1976年培育而成。

青海细毛羊体质结实，结构匀称，公羊多有螺旋形的大角，母羊无角或有小角，公羊颈部有1~2个明显或不明显的横皱褶，母羊颈部有纵皱褶。细毛着生头部到眼线，前肢至腕关节，后肢达飞节。被毛纯白弯曲正常，被毛密度密，细度为60~64支。成年种公羊剪毛前体重80.81kg，毛长9.62cm，剪毛量8.6kg，成年母羊剪毛前体重64kg，毛长8.67cm，剪毛量6.4kg。

2. 半细毛羊品种

（1）夏洛来羊。原产于法国。胸宽而深，肋部拱圆，背部肌肉发达，体躯呈圆桶状，肉用性能好。被毛同质、白色。毛长4~7cm，毛纤维细度50~58支。成年公羊剪毛量3~4kg，成年母羊1.5~2.2kg。

夏洛来羊生长发育快，一般6月龄公羊体重48~53kg，母羊

38～43kg。成年公羊体重 100～150kg，成年母羊 75～95kg。胴体质量好，瘦肉多，脂肪少。产羔率高，经产母羊为 182.37%，初产母羊为 135.32%。

20 世纪 80 年代以来，内蒙古、河北、河南等地先后数批引入夏洛来羊。根据饲养观察，夏洛来羊采食力强，不挑食，易于适应变化的饲养条件。

（2）茨盖羊。茨盖羊原产于苏联的乌克兰地区。羊体质结实，体格大。公羊有螺旋形角，母羊无角或只有角痕。胸深，背腰较宽而平。毛被覆盖头部至眼线。毛色纯白，少数个体在耳及四肢有褐色或黑色斑点。成年公羊体重为 80.0～90.0kg，剪毛量 6.0～8.0kg；成年母羊体重 50.0～55.0kg，剪毛量 3.0～4.0kg。毛长 8～9cm，细度 46～56 支。

（3）罗姆尼羊。原产于英国东南部的肯特郡，又称肯特羊。英国罗姆尼羊四肢较高，体躯长而宽，后躯比较发达，头型略显狭长，头、肢被毛覆盖较差，体质结实，骨骼坚强，放牧游走能力好。新西兰罗姆尼羊为肉用体型，四肢矮短，背腰平直，体躯长，头、肢被毛覆盖良好，但放牧游走能力差，采食能力不如英国罗姆尼羊。

（4）同羊。也叫同州羊。体质结实，体躯侧视呈长方形。公羊体重 60～65kg，母羊体重 40～46kg。头颈较长，鼻梁微隆，耳中等大。公羊具小弯角，角尖稍向外撇，母羊约半数有小角或栗状角。前躯稍窄，中躯较长，后躯较发达。四肢坚实而较高。尾大如扇，有大量脂肪沉积，以方形尾和圆形尾多见，另有三角尾、小圆尾等。全身主要部位毛色纯白，部分个体眼圈、耳、鼻端、嘴端及面部有杂色斑点或少量杂色毛，面部和四肢下部为刺毛覆盖，腹部多为异质粗毛和少量刺毛覆盖。基本为全年发情，仅在酷热和严寒时短期内不发情。性成熟期较早，母羊 5～6 月龄即可发情配种，怀孕期 145～150d。平均产羔率190%以上。每年产 2 胎，或 2 年产 3 胎。

（5）小尾寒羊。主要分布在山东和河北省境内。该品种羊

生长发育快，早熟，肉用性能好，是进行羊肉生产特别是肥羔生产的理想品种，被毛白色者居多、异质。成年公羊体重94.15kg，成年母羊48.75kg。该品种具有早熟、多胎、多羔、生长快、体格大、产肉多、裘皮好、遗传性稳定和适应性强等优点。母羊一年四季发情，通常是两年产3胎，有的甚至是1年产2胎，每胎产双羔、三羔者屡见不鲜，产羔率平均270%，居我国地方绵羊品种之首。

3. 粗毛羊

（1）蒙古羊。为我国三大粗毛羊品种之一。是我国分布最广的一个绵羊品种，原产于内蒙古，主要分布在内蒙古，其次在东北、华北、西北各省。成年公羊体重69.7kg，剪毛量1.5~2.2kg；成年母羊54.2kg，剪毛量1~1.8kg。

（2）西藏羊。又称藏羊，原产于青藏高原，主要分布在西藏、青海、甘肃、四川及云南、贵州两省的部分地区。

藏羊体躯被毛以白色为主，被毛异质，两型毛含量高，毛辫长，弹性大，光泽好，以"西宁大白毛"而著称，是织造地毯、提花毛毯、长毛绒等的优质原料，在国际市场上享有很高的声誉。成年公羊体重44.03~58.38kg，成年母羊38.53~47.75kg。剪毛量，成年公羊1.18~1.62kg，成年母羊0.75~1.64kg。母羊每年产羔1次，每次产羔1只，双羔率极少。

藏羊由于长期生活在较恶劣的环境下，具有顽强的适应性，体质健壮，耐粗放的饲养管理等优点，同时善于游走放牧，合群性好。但产毛量低，繁殖率不高。

（3）哈萨克羊。原产于新疆，主要分布在新疆境内，甘肃、新疆、青海三省（区）交界处也有分布。

哈萨克羊毛色杂，被毛异质。成年公羊体重60.34kg，剪毛量2.03kg；成年母羊体重45.8kg，剪毛量1.88kg。

哈萨克羊体大结实，耐寒耐粗饲，生活力强，善于爬山越岭，适于高山草原放牧。脂尾分成两瓣高附于臀部。

4. 毛皮用羊

（1）卡拉库尔羊。产于苏联中亚地区。毛以黑色为主，彩色卡拉库尔羔皮尤为珍贵。卡拉库尔羊耐干旱、耐炎热、耐粗饲。

（2）湖羊。产于浙江、江苏的太湖地区。湖羊生长快、早熟、繁殖力强、泌乳量高，平均产羔率207.5%。耐高温、高湿，适应性和抗病力强，生后1~2d剥取的湖羊羔皮品质优良。成年公羊产毛量2kg，母羊产毛量1.2kg，毛长5~7cm，毛白色。

（3）滩羊。产于宁夏及邻近地区，属二毛裘皮羊品种。滩羊耐粗耐旱，产羔率为101%~103%，春秋两季剪毛量平均公羊为1.60~2.0kg，母羊1.50~1.80kg。滩羊毛是我国传统出口商品，其肉细嫩无膻味。

（二）山羊的主要品种

我国饲养的山羊品种繁多，可分为乳用山羊、裘羔皮用山羊、肉绒用山羊和普通山羊。

1. 萨能山羊

原产于瑞士，是世界著名的乳用山羊，国内外许多奶山羊都含有其血液，在我国饲养表现良好。

萨能羊全身白色或淡黄色，轮廓明显，细致紧凑，公母羊均无角有须，公羊颈粗短，母羊颈细长扁平，体躯深广，背长直、乳房发育良好。成年公羊体重75~100kg，母羊50~60kg，产羔率160%~220%，泌乳期8~10个月，年产乳量600~700kg，乳脂率3.2~4.2%。

2. 关中奶山羊

产于陕西省关中地区。系用萨能山羊与本地母山羊杂交育成的品种。其外形似萨能山羊，成年公羊体重85~100kg，母羊50~55kg，泌乳6~8个月，产奶量400~700kg，乳脂率3.5%左右，产羔率160%左右，经选育，质量有显著提高。

3. 中卫沙毛山羊

产于宁夏、甘肃，是世界上唯一珍贵的裘皮山羊品种。中卫山羊体躯短深，体质结实，耐粗饲，耐寒暑，抗病力强。公母羊均有角和须，公羊角大呈半螺旋形的枪状弯曲，母羊角呈镰刀状。中卫山羊以两型毛为主，成年公羊体重为 54.25kg 左右，产绒量 164~200g；成年母羊体重为 37kg 左右，产绒量 140~190g，屠宰率 46.4%，产羔率 106%。

4. 辽宁绒山羊

产于辽东半岛。体质结实，结构匀称，被毛纯白，成年公羊平均产绒 540g，母羊产绒 470g，绒长 5.5cm，属我国产绒量最高的品种。产肉性能较好，屠宰率 50% 左右，净肉率 35%~37%，产羔率为 110%~120%。近年来经杂交改良，产绒量有显著提高。

5. 内蒙古绒山羊

原产于内蒙古。该品种公、母羊均有角，体躯较长，紧凑。全身被毛白色，分为长细毛型和短粗毛型，以短粗毛型的产绒量为高。成年公羊体重 45~52kg，产绒量 400g；成年母羊 36~45kg，产绒量 360g。多产单羔，产羔率 100%~105%。屠宰率 40%~50%。

第三节　羔羊与育成羊的培育

一、羔羊的培育

羔羊的哺乳期一般为 4 个月，在这期间应加强管理，精心饲养，提高羔羊的成活率。

（一）母子群的护理

对羔羊采取小圈、中圈和大圈进行管理，是培育好羔羊的有效措施。母子在小圈（产圈）中生活 1~3d，便于观察母羊和

羔羊的健康状况，发现有异常立即处理。接着转入中圈生活 3
周，每个中圈可养带羔母羊由 15 只渐增至 30 只。3 周后即可入
大圈饲养，每个大圈饲养的带羔母羊数随牧地的地形和牧草状
况而有所不同，草原较多，可达 100~150 只，而丘陵和山地较
少处为 20~30 只。

（二）母子群的放牧和补饲

羔羊生后 5~7d 起，可在运动场上自由活动，母羊在近处放
牧，白天哺乳 2~3 次，夜间母子同圈，充分哺乳。3 周龄后可
在近处母子同牧，也可将母羊和羔羊分群放牧，中午哺乳一次，
晚上母子同圈，充分哺乳。

羔羊 10 日龄开始补喂优质干草，并逐渐增加喂量，以锻炼
其消化器官，提高消化机能。同时，在哺乳前期亦应加强母羊
的补饲，以提高其泌乳量，使羔羊获得充足的营养，有利于生
长发育。

（三）断乳

羔羊一般在 4 月龄断乳。羔羊断乳的方法有一次性断乳和
逐渐断乳两种。后者虽较麻烦，但能防止得乳房炎。断乳时，
把母羊抽走，羔羊留原圈饲养，待羔羊习惯后再按性别、强弱
分群。断乳后母羊圈与羔羊圈以及它们的放牧地，都尽可能相
隔远一些，使母羊和羔羊能尽快安静，恢复正常生活。

二、育成羊的培育

育成羊是指从断乳到第 1 次配种前的羊（即 5~18 月龄的
羊）。羔羊断奶后正处在迅速生长发育阶段，此时若饲养不精
心，就会导致羊只生长发育受阻，体型窄浅，体重小，剪毛量
低等缺陷。因此，对育成羊要加强饲养管理。断乳初期要选择
草长势较好的牧地放牧并坚持补饲；夏季注意防暑、防潮湿；
秋季抓好秋膘；冬春季节抓好放牧和补饲。入冬前备足草料，
育成羊除放牧外每只每日补料 0.2~0.3kg，留作种用的育成羊，

每只每日补饲混合精料 1.5kg。为了掌握羊的生长发育情况，对羊群要随机抽样，进行定期称重（每月 1 次），清晨空腹进行。

第四节　绵羊养殖技术

一、放牧绵羊的养殖技术

（一）四季放牧要点

四季放牧是指羊群在春、夏、秋、冬四季放牧的方法和草场的选择。

1. 编群

放牧羊群应根据羊的品种、性别、年龄和体质强弱等进行合理编群。羊群的大小，可依草场和羊的具体情况而定，牧区细毛羊及其高代杂种羊 300~500 只一群；半细毛羊及其高代杂种羊 150~200 只一群，羯羊 400~500 只一群，种公羊 20~50 只一群。半农半牧区和山区每群的只数则根据草场大小和牧草的产量和质量相应减少；农区每群羊的数量更少些，一般从几十只到百只，每群由 1~2 名放牧员管理。

2. 春季放牧（3 月至 5 月中旬）

绵羊经过冬季的严寒和缺草，到春季时身体十分虚弱，牧草又青黄不接，而在我国多数地区，此时还正值羊只的繁殖季节，故春季是羊群的困难时期，应精心放牧，加强补饲，以尽快恢复绵羊的体力，搞好妊娠母羊的保胎工作。

春季放牧要选择距离较近、较好的牧地放牧，尽量减少其体力消耗，并便于在天气突变时迅速回圈。早春出牧前应先补饲干草或先放阴坡的黄草，后放青草，以免跑青及误食毒草。为了防止跑青，要注意控制羊群，拢羊躲青，慢走稳放，多吃少走。晚春当牧草达到适宜高度时，应逐渐增加放牧时间，使羊群多吃，吃饱，为全年放好羊、抓好膘奠定基础。

3. 夏季放牧（5月下旬至8月末）

羊经过春季放牧，身体逐渐得以恢复，到了夏季，日暖天长，牧草茂盛、营养价值高，正是抓膘的好时机。但夏天蚊蝇侵扰，应选择高燥、凉爽、饮水方便的地方放牧，中午天热，羊只易起堆，应及时赶开，或把整个羊群赶到阴凉处休息。

在良好的夏收条件下，羊只身体健壮，促使发情，为夏秋配种做好谁备。

4. 秋季放牧（9—10月）

秋季气候凉爽，日渐变短，牧草开始枯老，草籽成熟。农田中收获后的茬子地有大量的穗头和杂草，羊群食欲旺盛，正是抓膘的大好时机。同时，秋季在我国北方地区正是绵羊配种季节，抓好秋膘是提高受胎率、产羔率和为羊群越冬度春奠定物质基础的重要措施，在我国南方正是母羊怀孕后期，抓好秋膘是提高羔羊初生重、提高母羊泌乳量及羔羊品质的重要措施。

秋季应选牧草茂盛、草质良好的牧地放牧，并尽可能放茬地，以便迅速增膘。放牧中要避开有荆棘、带钩种子和成熟羽茅之处，以免挂毛、降低羊毛品质和刺伤羊体。

秋季无霜期间放牧，应早出晚归，中午不休息，以延长放牧时间，使羊群迅速增膘。早霜降临后，应晚出晚归，避开早霜。配种后的母羊群应防止跳越沟壕、拥挤和驱赶过急，以免引起流产。

5. 冬季放牧（12月至翌年2月）

羊群进入冬季草场之后，逐渐趋于夜长昼短、天寒草枯时期，羊体热能消耗量大，同时母羊已怀孕或正值冬季配种期；育成羊进入第1个越冬期。所以保膘、保育、保胎就成了冬季养羊生产的中心任务。冬季放牧要有计划地利用好冬季草场，即在棚舍附近，给怀孕母羊留出足够的草场并加以保护，然后按照先远后近、先阴后阳、先高后低、先沟后平的顺序，合理安排羊群的放牧草场。

冬季放牧应晚出早归，午间不休息，全天放牧，尽量令羊少走路，多吃草，归牧后进行补饲，注意饮水。遇到大风雪天气，可暂停出牧，留圈补饲，以防造成损失。

羊群进入冬季草场前要做好羊群安全过冬准备工作。如加强羊群秋季的抓膘，预留冬季放牧地，储草备料。整顿羊群，修棚搭圈，进行驱虫和检疫等。

（二）补饲与管理

补草补料是养羊业中一项很重要的工作，尤其对放牧饲养的良种羊补饲更为重要。在生产实践中，应根据羊的营养水平、生理状态和经济价值等具体情况进行合理的补饲。

1. 补饲时期

放牧饲养的羊，从11月开始对经济价值高的羊群和瘦弱的母羊进行重点补饲。一般每天每只羊补给干草1~2kg。进入1月以后，对所有羊群要进行补饲。

坚持每日早晚各补喂干草1~2kg，每天每只补饲混合精料0.1~0.2kg。

2. 种公羊的补饲与管理

种公羊在全部羊群中数量虽少，但对提高羊群繁殖率和后代的生产性能作用很大，因此，应养好种公羊。种公羊的饲养分为非配种期和配种期两个阶段。

（1）非配种期。非配种期的种公羊应以放牧为主，结合补饲，每天每只喂混合精料0.4~0.6kg。冬季补饲优质干草1.5~2.0kg，青贮料及多汁饲料1.5~2.0kg，分早晚两次喂给。每天饮水不少于2次。加强放牧运动，每天游走不少于10km。羊舍的光线要充足，通风良好，保持清洁干燥。

（2）配种期。配种前45d开始转为配种期饲养管理。此期应供给种公羊富含蛋白质、维生素、矿物质的混合精料和干草。根据种公羊的配种任务确定补饲量。一般每只每天补饲混合精料1~1.5kg干草任意采食，骨粉10g，食盐15~20g，每天分3

次喂饲。对采精 3 次以上的优秀种公羊，每天加喂鸡蛋 2~3 个或牛奶 1~2kg 或其他动物性饲料，以提高精液品质。

在加强补饲的同时还要对种公羊进行合理运动，运动不足或过量都会影响精液质量和体质。配种期，应保持种公羊的足够的运动量，炎热天气要充分利用早晚时间运动，采取快步驱赶和自由行走相结合的方法，每天运动 2h，行程 4km 左右。

3. 怀孕母羊的补饲

母羊怀孕后 2 个月，开始增加精料给量。怀孕后期每天每只补干草 1~1.5kg，精料 0.5kg。饲料要清洁，不应给冰冻和发霉变质的饲料，不饮冰碴水，以防流产。每天饮水 2~3 次。

二、绵羊的一般管理

1. 剪毛

细毛羊、半细毛羊每年春季剪毛 1 次，粗毛羊每年春秋各剪 1 次。剪毛时间，北方牧区和半农牧区多在 5 月下旬至 6 月上旬，南方农区在 4 月中旬至 5 月中旬。秋季剪毛多在 8 月下旬至 9 月上旬。剪毛时羊只须停食 12h 以上，并不应捆绑，防止羊胃肠臌胀，剪毛后控制羊只采食。

2. 断尾

细毛羊、半细毛羊及代数较高的杂种羊在生后 1~2 周内断尾。常用的断尾方法是热断法，即用烧热的火钳在距尾根 5cm 处钳断，不用包扎。

3. 去势

不作种用的公羊，为便于管理，一律去势。一般在生后 2 周左右进行。去势后给以适当运动，但不追逐、不远牧、不过水以免炎症。

4. 药浴

每年药浴 2 次，1 次是在剪毛后的 1~2 周内进行，另 1 次在

配种前进行。可用 0.3% 敌百虫水或 2% 来苏尔。让羊在药浴池内浸泡 2~3min，药浴水温不低于 20℃。

第五节 奶羊养殖技术

一、母奶羊妊娠期的养殖技术

母羊妊娠前期胎儿发育缓慢，需要营养物质不多，但要求营养全面。妊娠后期胎儿发育快，应增加 15%~20% 的营养物质，以满足母羊和胎儿发育的需要，使母羊在分娩前体重能增加 20% 以上。分娩前 2~4d，应减少喂料量，尽量选择优质嫩干草饲喂。分娩后的 2~4d，因母羊消化弱，主要喂给优质嫩青干草，精料可不喂。分娩 4d 后视母羊的体况、消化力的强弱、乳房膨胀的情况掌握给料量，注意逐渐地增加。

二、母羊产乳期的养殖技术

奶羊的泌乳期为 9~10 个月。在产乳期母羊代谢十分旺盛，一切不利因素都要排除。在产乳初期，对产乳量的提高不能操之过急，应喂给大量的青干草，灵活掌握青绿多汁饲料和精料的给量，直到 10~15d 后再按饲养标准喂给日粮。奶羊的泌乳高峰一般在产后 30~45d，高产母羊在 40~70d。进入高峰期后，除喂给相当于母羊体重 2% 的青干草和尽可能多的青绿多汁饲料外，再补喂一些精料，以补充营养的不足。如一只体重 50kg、日产奶 3.5kg 的母羊，可采食 1kg 优质干草、4kg 青贮料、1kg 混合精料。每日饮水 3~4 次，冬季以温水为宜。产奶高峰过后，精料下降速度要慢，否则会加速奶量的下降。

挤奶时先要按摩乳房，用奶 40~50℃ 的温水洗净乳房，用拳握法挤奶。挤奶人员及挤奶用具都要保持清洁，避免灰尘掉入奶中而降低奶的品质。挤奶次数，根据泌乳量的多少而定，一般日产乳量在 3kg 以下者，日挤乳 2 次，5kg 左右者日挤乳 3

次，6~10kg 者日挤乳 4~5 次，每次挤乳间隔的时间应相等。

三、母羊干乳期的养殖技术

干乳期是指母羊不产奶的时期。这时母羊经过两个泌乳期的生产，体况较差，加上这个时期又是妊娠的后期。为使母羊恢复体况贮备营养，保证胎儿发育的需要，应停止挤奶。干乳期一般为 60d 左右。

干乳期母羊的饲养标准，可按日产 1.0~1.5kg 奶，体重 60kg 的产奶羊为标准，每天给青干草 1kg、青贮料 2kg、混合精料 0.25~0.3kg。其次，要减少挤奶次数，打乱正常的挤奶时间，增加运动量，这样很快就能干乳。当奶量降下后，最后 1 次奶要挤净，并在乳头开口处涂上金霉素软膏封口。

第六节　肉羊养殖技术

一、选种方向

选羊的时候不需要选择太活跃的幼羊，要温顺、安静一点的，这样的容易育肥，日常消耗能量较少。容易扎堆的幼羊是一种很好的选择。

二、喂养饲料

精饲料以偏高蛋白能量的为主，草料在喂养精饲料时可以适当的留下一些便于肉羊夜间进食。圈养的则要注重多餐少量，羊的吸收能力不是很强，所以喂养得勤快一些更利于营养的吸收育肥。饲料要喂养混合饲料，30% 精饲料加 50% 粗饲料加 10%蛋白饲料加 10% 新鲜草料是喂养饲料比较合适的比例。每次喂养都要喂水，冬天一定要喂养温水。

三、日常管理

日常观察时对于一些进食较少的肉羊可以喂养一些有利于消化的药剂，混合在饲料中就好。草料的育肥速度一般都比不上饲料的，两者的成本差距很小，所以快速育肥肉羊时草料一定还是辅助补充营养的，饲料才是主导品。

四、肉羊养殖适度规模养殖

与其他任何产业一样，养羊也应追求规模效益。肉用山羊养殖的适度规模决定于农户的投资能力、市场价格、草场面积、饲养管理条件和公母比例等诸多因素。山羊在自然交配情况下，种公羊和能繁母羊搭配的比例一般为 1∶25，适度规模应为 40 ~ 50 只。

五、肉羊养殖合理分群饲养

除了繁殖生产种羊外，肉羊生产的传统方式是自繁自养。由于种羊和羔羊的生产目的不同，应将种羊和断奶羔羊分群饲养或分户饲养。种羊群饲养管理较羔羊粗放，其重点是保持种用体况，适时配种，防止漏配和流产，在配种期和妊娠期给予充足的营养；而羔羊饲养管理的重点是全程提供营养丰富的饲草饲料，注意防寒保暖和防病。

六、肉羊养殖建设离地羊舍

离地羊舍具有干燥、通风、粪便易于清除等优点，在雨水多、湿度大的江南地区已大面积推广应用。但应注意离地羊舍在冬季防寒保暖工作，以免影响羔羊的生长发育及肉羊大幅度的掉膘。

七、肉羊养殖种植优质牧草

牧草是山羊的主要食物，为山羊提供营养丰富、适口性好的优质牧草是山羊优质高效养殖的关键。养羊农户可利用山弯田、冬闲田、山坡地和经济林等轮种或套种黑麦草、饲用玉米和皇竹草等优质高产牧草，再加上其他黄豆秸秆、花生和番薯藤等农副产品，基本上可解决养羊一年四季的青饲料来源，以降低饲养成本，增加养羊效益。

八、羔羊舍饲育肥

羔羊育肥的目标是提高日增重和饲料利用率。传统放牧育肥使羔羊损耗大量体能，导致饲料利用率、日增重降低和育肥期延长，结果是增加了养殖成本。因此，提倡羔羊舍饲育肥是山羊高效养殖的重要措施之一。舍饲育肥要在保证充足青绿饲料或干草前提下，补饲矿物质和精料。养殖户可购买山羊矿物质舔砖，将其挂在圈内供羊自由舔食。精料可选用玉米、豆饼等原料自行配制。山羊舍饲育肥较放牧育肥缩短育肥期 1~2个月。

九、肉羊养殖适宜体重出栏

肉用山羊出栏的适宜体重要根据日增重、饲料利用率、屠宰率等生产性能指标和市场需求来综合评定。出栏体重过低，山羊的生长潜力没有得到充分发挥，产肉量也低；出栏体重过高，虽然产肉量增加，但饲料利用率下降。不同品种或杂交组合的山羊适宜出栏月龄一般为 6~8 月龄。

第四章　鸡的养殖技术

第一节　鸡场规划与建设

一、放养场地的选择

（一）选址原则

1. 有利于防疫

养鸡场地不宜选择在人口密集的居民住宅区或工厂集中地，不宜选择在交通来往频繁的地方，不宜选择在畜禽贸易场所附近，宜选择在较偏远而车辆又能达到的地方。

2. 放养场地内要有遮阳

场地内宜有翠竹、绿树遮阳及草地，以利于鸡只活动。

3. 场地要有水源和电源

鸡场需要用水和用电，故必须要有水源和电源。水源最好为自来水，如无自来水，则要选在地下水资源丰富、适合于打井的地方，而且水质要符合卫生要求。

4. 场地范围内要圈得住

场地内要独立自成封闭体系（用竹子或用砖砌围墙围住），以防止外人随便进入，防止外界畜禽、野兽随便进入。

5. 有丰富的可食饲料资源

放养场地丰富的饲料资源如昆虫、野草、牧草、野菜等，保证鸡自然饲料不断，如果场地牧草不多或不够丰富，可以进行人工种植或从别处收割来，给鸡补饲。

（二）自然环境

1. 草场、荒坡林地及丘陵山地

草场、荒坡林地及荒山地中牧草和动物蛋白质饲料资源丰富，场所宽敞，空气新鲜，环境幽雅，适宜鸡散养。

2. 果园

果树的害虫和农作物、林木、蔬菜害虫一样，大多属于昆虫的一部分，一生要经过卵、幼虫、蛹、成虫4个虫期的变化，如各种食心虫、天牛、吉丁虫、形毛虫、星毛虫等。过去多采用喷药、刮老皮、剪虫枝、拾落果、捕杀、涂白等烦琐的方法防治。

3. 冬闲田

选择远离村庄、交通便利、排水性能良好的冬闲田，利用木桩做支撑架，搭成2m高的"人"字形屋架，周围用塑料布包裹，屋顶加油毡，地面铺上稻草，也可以放养鸡。

二、搭建围网

为了预防兽害和鸡只走失，或为了划区轮牧、预防农药中毒，放养区周围或轮牧区间应设置围栏护网，尤其是果园、农田、林地等分属于不同农户管理的放养地。

放养区围网可用1.5~2m高的铁丝网或尼龙网，每隔8~10m设置一根垂直稳固于地基的木桩、水泥桩或金属管立柱。

三、建造鸡舍或简易"避难所"

鸡舍可以为放养鸡提供安全的休息场地，驯化好的放养鸡傍晚会自动回到鸡舍采食补料，夜晚进舍休息，方便捕捉及预防注射。因此，必须根据不同阶段鸡的生活习性，搭建合适的简易型鸡舍或简易"避难所"。

（一）简易型棚舍

简易鸡舍要求能挡风，不漏雨，不积水即可，材料、形式和规格可因地制宜，不拘一格，但需避风、向阳、防水、地势较高。

（二）普通型鸡舍

普通鸡舍要求防暑保温，背风向阳，光照充足，布列均匀，便于卫生防疫，内设栖息架，舍内及周围放置足够的喂料和饮水设备，使用料槽和水槽时，每只鸡的料位为 10cm，水位为5cm；也可按照每 30 只鸡配置 1 个直径 30cm 的料桶，每 50 只鸡配置 1 个直径 20cm 的饮水器。

放牧场地可设沙坑，方便鸡洗沙浴。

（三）塑料大棚鸡舍

塑料大棚鸡舍就是用塑料薄膜把鸡舍的露天部分罩上。这种鸡舍能人为创造适应鸡生长的小气候，减少鸡舍不合理的热能消耗，降低鸡的维持需要，从而使更多的养分供给生产。

（四）封闭式鸡舍

封闭式鸡舍一般是用隔热性能好的材料构造房顶与四壁，不设窗户。只有带拐弯的进气孔和出气孔，舍内小气候通过各种调节设备控制。在快长型大肉食鸡饲养中应用较多。

（五）开放式网上平养无过道鸡舍

这种鸡舍适用于鸡育雏。鸡舍的跨度 6~8m，南北墙设窗户。南窗高 1.5m，宽 1.6m；北窗高 1.5m，宽 1m。舍内用金属铁丝隔离成小自然间。在离地面 70cm 高处架设网片。

（六）利用旧设施改造的鸡舍

利用农舍、库房等其他设备改建鸡舍，达到综合利用，可以降低成本。

第二节　鸡的主要品种

一、鸡的品种分类

（一）标准品种分类法

按国际公认的标准品种分类法把鸡分为类、型、品种和品变种。

（1）类。按鸡的原产地划分为亚洲类、美洲类、地中海类和欧洲类等。

（2）型。按鸡的用途分为蛋用型、肉用型、兼用型和观赏型。

（3）品种。是指通过育种形成的具有一定数量、有共同来源、相似外貌特征、基本一致生产性能、遗传性稳定的一个群体。

（4）品变种。是指同一品种中根据羽色、冠形等不同分为不同的类群。

（二）现代品种分类法

（1）标准品种。标准品种是指在 20 世纪 50 年代以前育成，并得到家禽协会或家禽育种委员会承认的品种。这些品种的主要特点是具有较一致的外貌特征、较好的生产性能，遗传性稳定，但对饲养管理条件要求高。按鸡的经济用途可分为蛋用型、肉用型、兼用型和观赏型。

①蛋用型：以产蛋多为主要特征。体型较小，体躯较长，颈细尾长，腿高胫细，肌肉结实，羽毛紧凑，性情活泼，行动敏捷，觅食力强，神经质，易受惊吓。5~6 月龄开产，年产蛋200 枚以上，产肉少，肉质差，无就巢性。

②肉用型：以产肉多、生长快、肉质好为主要特征。体型大，体躯宽深，颈粗尾短，腿短胫粗，肌肉丰满，羽毛蓬松。

性情温顺，行动迟缓，觅食力强。7~8月龄开产，年产蛋130~160枚。

③兼用型：生产性能和体型外貌介于肉用型和蛋用型之间。性情温顺，觅食力较强。6~7月龄开产，年产蛋160~180枚，产肉较多，肉质较好，有就巢性。

④观赏型：属专供人们观赏或争斗娱乐的品种。一般有特殊外貌，或性凶好斗，或兼有其他特殊性能。如丝毛鸡、斗鸡、矮脚鸡等。

（2）地方品种。地方品种是指在育种技术水平较低的情况下，没有经过系统选育，在某一地区长期饲养而形成的品种。我国是家禽地方品种最多的国家，地方品种的主要特点是适应性强，肉质好，但生产性能较低，体型外貌不一致，商品竞争能力差，不适宜高密度饲养。

（3）现代鸡种。随着市场经济的需要和育种工作的进展，现代生产中对鸡的生产性能具有一定要求，因而出现了现代鸡种。现代鸡种是专门化的商用品系或配套品系的杂交鸡，一般不能纯繁复制。现代鸡种强调群体的生产性能，不重视个体的外貌特征，其商品代杂交鸡的主要特点是生活力强，生产性能高，且整齐一致，适于大规模集约化饲养。现代鸡种按其经济用途分为蛋鸡系和肉鸡系。

①蛋鸡系：专门用于生产商品蛋的配套品系，按其蛋壳颜色分为白壳蛋鸡（如迪卡白壳蛋鸡、海兰白壳蛋鸡）、褐壳蛋鸡（如海兰褐壳蛋鸡、罗曼褐壳蛋鸡）、粉壳蛋鸡（如亚康粉壳蛋鸡、海兰粉壳蛋鸡）和绿壳蛋鸡（江西华绿黑羽绿壳蛋鸡、江苏三凰青壳蛋鸡）。

②肉鸡系：专门用于生产肉用仔鸡的配套品系，生产中按其生产速度和肉的品质又分为速长型肉鸡（如艾维茵肉鸡、爱拔益加肉鸡）和优质型肉鸡（如石歧杂肉鸡、苏禽黄鸡）。

二、鸡的主要品种

（一）标准品种

（1）白来航鸡。原产于意大利，是世界著名的高产蛋用型品种，也是现代白壳蛋鸡配套系采用的原种鸡。体型短小清秀，羽毛白色而紧贴，单冠，冠大，公鸡的冠较厚而直立，母鸡冠较薄而倒向一侧；耳叶白色，皮肤、喙、胫均为黄色。性成熟早，一般5月龄开产，年产蛋量在200枚以上，优秀高产群可达280~300枚，蛋重54~60g，蛋壳白色。成年公鸡体重2.0~2.5kg，母鸡1.5~2.0kg。性情活泼好动，善飞跃，富神经质，易惊吓，容易发生啄癖，无就巢性，适应性强。

（2）罗岛红鸡。原产于美国罗德岛州，属蛋肉兼用型，有玫瑰冠和单冠两个品变种。羽毛为酱红色，喙褐黄色，胫黄色或带微红的黄色，耳叶红色，皮肤黄色。6月龄开始产蛋，年产蛋量160~180枚，蛋重60~65g，蛋壳褐色。成年公鸡体重3.5~3.8kg，母鸡2.2~3.0kg。是现代培育褐壳蛋鸡的主要素材，用作商品杂交配套系的父本，生产的商品蛋鸡可按羽色自别雌雄。

（3）白洛克鸡。育成于美国，属于洛克鸡的一个品变种，肉蛋兼用型。全身羽毛为白色，单冠，耳叶为红色，喙、胫、皮肤为黄色。年产蛋150~160枚，蛋重60g左右，蛋壳浅褐色。成年公鸡体重4~4.5kg，母鸡3~3.5kg。白洛克鸡经选育后早期生长快，胸、腿肌肉发达，被广泛用作生产现代杂交肉鸡的专用母系。

（4）白科尼什鸡。原产于英国的康瓦尔，属肉用型。全身羽毛为白色，豆冠，喙、胫、皮肤为黄色，喙短粗而弯曲，胫粗大，站立时体躯高昂，好斗性强。肉用性能好，体躯大，胸宽，腿部肌肉发达，早期生长速度快，60日龄体重可达1.5~1.75kg，成年公鸡体重4.5~5.0kg，母鸡体重3.5~4.0kg，年产蛋120枚左右，蛋重54~57g，蛋壳浅褐色。目前主要用作父本与母本白洛克品系配套生产肉用仔鸡。

（5）狼山鸡。原产于我国江苏省，属蛋肉兼用型。体型外貌最大特点是颈部挺立，尾羽高耸，背呈"U"字形。单冠直立，喙、胫为黑色，胫外侧有羽毛。胸部发达，体高腿长。适应性强，抗病力强，胸部肌肉发达，肉质好。经江苏家禽研究所引入澳洲黑鸡血缘培育成"新狼山鸡"，显著提高了产蛋量。年产蛋达192枚，蛋重57g，公鸡体重3.4kg，母鸡体重2.0~2.25kg。

（二）地方品种

（1）仙居鸡。原产于浙江省仙居县，是著名的蛋用型良种。体型较小、结实紧凑，体态匀称，动作灵敏，易受惊吓，属神经质型。单冠、颈长、尾翘、骨细，其外形和体态与来航鸡相似。毛色有黄、白、黑、麻雀斑色等多种，胫色有黄、青及肉色等。有就巢性，性成熟早，经过选育，在饲料配合较合理的情况下，年产蛋量210枚，最高为269枚，平均蛋重42g，蛋壳淡褐色。成年公鸡体重约1.5kg，母鸡1.0kg左右。

（2）浦东鸡。又称九斤黄鸡，原产于上海市黄浦江以东地区，属肉用型。母鸡羽毛多为黄色、麻黄色或麻褐色，公鸡多为金黄色或红棕色。主翼羽和尾羽黄色带黑色条纹。单冠，喙、脚为黄色或褐色，皮肤黄色。以体大、肉肥、味美而著称。7~8月龄开产，年产蛋120~150枚，蛋重55~60g，蛋壳深褐色。3月龄体重可达1.25kg，成年公鸡体重4~4.5kg，母鸡2.5~3kg。上海市农业科学院畜牧研究所经多年选育已育成新浦东鸡，其肉用性能已有较大提高。

（3）固始鸡。原产于河南省固始县，属蛋肉兼用型。固始鸡是我国目前品种资源保存最好、群体数量最大的地方鸡种。冠有单冠和豆冠两类，以单冠居多，冠叶分叉。耳叶红色，喙青黄色，胫青色。羽色以黄色、黄麻为主，尾羽有直尾和佛手状两种。6~7月龄开产，年产蛋量96~160枚，蛋重48~60g，蛋壳棕褐色。成年公鸡体重2~2.5kg，母鸡1.2~2.4kg。固始鸡具有个体较大、产蛋多、耐粗饲、抗病力强等特点。现由固始县"三高集团"对其开发利用，并培育出了乌骨型的新类群。

（三）现代品种

1. 蛋鸡配套系

（1）迪卡白鸡。是美国迪卡公司培育而成的四系配套高产白壳蛋鸡。具有开产早、产蛋多、饲养报酬高、抗病力强等特点。商品代开产日龄为146d，体重1.32kg，72周龄产蛋量295~305枚，平均蛋重61.7g，料蛋比为2.25:1。

（2）海兰白 W-36 鸡。是由美国海兰国际公司培育而成的白壳蛋鸡。该鸡体型小，性情温顺，耗料少，抗病能力强，适应性好，产蛋多，饲料转化率高，脱肛、啄羽发生率低。商品代0~18周龄成活率为98%，18周龄体重1.28kg，开产日龄为155d，高峰期产蛋率为93%~94%，入舍母鸡80周龄产蛋量330~339枚，产蛋期成活率93%~96%，蛋重63.0g，料蛋比1.99:1。

（3）海赛克斯白鸡。是由荷兰优布里德公司培育而成。该鸡体型小，羽毛白色而紧贴，外形紧凑，生产性能好，属来航鸡型。商品代0~18周龄成活率为96%，18周龄体重1.16kg，开产日龄为157d。20~82周龄平均产蛋率77%，入舍母鸡产蛋量314枚，平均蛋重60.7g，料蛋比2.34:1。

（4）罗曼白壳蛋鸡。是由德国罗曼动物育种公司培育而成。商品代0~20周龄成活率96%~98%，20周龄体重1.3~1.35kg，开产日龄为150~155d，高峰期产蛋率92%~95%，72周龄产蛋量290~300枚，平均蛋重62~63g，产蛋期存活率94%~96%，料蛋比为（2.1~2.3）:1。

（5）北京白鸡。是由北京市种禽公司培育而成的三系配套轻型蛋鸡良种。具有单冠白来航的外貌特征，体型小，早熟，耗料少，适应性强。目前优秀的配套系是北京白鸡938，商品代可根据羽色辨别雌雄。0~20周龄成活率94%~98%，20周龄体重 1.29～1.34kg，72 周龄产蛋量 282～293 枚，蛋重 59.42g，21～72 周存活率 94%，料蛋比（2.23～2.31）∶1。

（6）伊丽莎白壳蛋鸡。是由上海新杨种畜场育种公司培育出的蛋鸡新品种。具有适应性强、成活率高、抗病力强、产蛋率高和自别雌雄等特点。商品代 0～20 周龄成活率为 95%～98%，耗料 7.1～7.5kg/只，20 周龄体重 1.35～143kg，开产日龄为 150～158d，高峰期产蛋率 92%～95%，入舍母鸡 80 周龄产蛋量 322～334 枚，平均蛋重 61.5kg，料蛋比（2.15～2.3）∶1。

（7）海兰褐蛋鸡。由美国海兰国际公司培育而成的高产蛋鸡。该鸡生活力强，产蛋多，死亡率低，饲料转化率高，适应性强。商品代可按羽色自别雌雄，0～18 周龄成活率为 96%～98%，18 周龄体重 1.55kg，开产日龄 151d，高峰期产蛋率 93%～96%。72 周龄入舍母鸡产蛋量 299 枚，平均蛋重 63.0g，产蛋期成活率 95%～98%，料蛋比（2.2～2.5）∶1。

2. 肉鸡配套系

（1）艾维茵肉鸡。是由美国艾维茵国际有限公司育成的三系配套杂交鸡。该肉鸡体型较大，商品代肉用仔鸡羽毛白色，皮肤黄色而光滑，增重快，饲料利用率高，适应性强。商品代混合雏 42 日龄体重 1.859kg，料肉比为 1.85∶1；49 日龄体重 2.287kg，料肉比 1.97∶1；56 日龄体重 2.722kg，料肉比 2.12∶1。

（2）爱拔益加肉鸡。简称"AA"肉鸡，是由美国爱拔益加种鸡公司育成的四系配套杂交鸡。具有体型较大，胸宽，腿粗，肌肉发达，生长速度快，饲养周期短，饲料利用率高，耐粗饲，适应性强等优点。商品代混合雏 42 日龄体重 1.863kg，料肉比为 1.78∶1；49 日龄体重 2.306kg，料肉比 1.96∶1；56 日龄体重 2.739kg，料肉比 2.14∶1。

（3）罗曼肉鸡。是由德国罗曼动物育种公司育成的四系配套杂交鸡。该肉鸡体型较大，商品代肉用仔鸡羽毛白色，幼龄时期生长速度快，饲料转化率高，适应性强，产肉性能好。商品代混合雏 42 日龄体重 1.65kg，料肉比为 1.90：1；49 日龄体重 2.0kg，料肉比 2.05：1；56 日龄体重 2.35kg，料肉比 2.20：1。

（4）红宝肉鸡。又称红波罗肉鸡，是由加拿大谢弗种鸡有限公司育成的四系配套杂交鸡。商品代为有色红羽，具有三黄特征，即黄喙、黄腿、黄皮肤，冠和肉髯鲜红，胸部肌肉发达。商品代混合雏 40 日龄体重 1.29kg，料肉比为 1.86：1；50 日龄体重 1.73kg，料肉比 1.94：1；62 周龄体重 2.2kg，料肉比 2.25：1。

（5）石歧杂肉鸡。是香港渔农处根据香港的环境和市场需求，选用广东 3 个著名的地方良种——惠阳鸡、清远麻鸡和石岐鸡为主要改良对象，并先后引用新汉夏、白洛克、考尼什和哈巴德等外来品种进行杂交育成。保持了三黄鸡的黄毛、黄皮、黄脚、黄脂、短腿、单冠、圆身、薄皮、细骨、脂丰、肉厚、味浓等多个特点，此外还具有适应性好、抗病力强、成活率高、个体发育均匀等优点。商品代 105 日龄体重 1.65kg，料肉比 3.0：1。

第三节　蛋鸡养殖技术

一、雏鸡的养殖技术

雏鸡的饲养管理简称育雏。无论是饲养商品蛋鸡，还是饲养种鸡，都首先要经历育雏这一阶段。育雏工作的好坏直接影响雏鸡的生长发育和成活率，也影响成年鸡的生产性能和种用价值，与养鸡效益的高低有着密切关系。因此，育雏作为养鸡生产的重要一环，关系养鸡的成败。

（1）开饮。雏鸡第 1 次饮水称为开饮。雏鸡接入育雏室稍加休息后，要尽快饮水，饮水后再开食，以利于排尽胎粪和体内剩余卵黄的吸收，也有利于增进食欲。最初，可用温开水或

3%~5%的糖水，经 1 周左右逐渐过渡到用自来水。初饮时加抗生素、维生素，有良好的效果，常用 0.02%~0.03%的高锰酸钾水或在水中加入抗鸡白痢的药物（如土霉素、氟哌酸等）。饮水要始终保持充足、清洁，饮水器每天要洗刷 1~2 次，按需要配足，并均匀分布于鸡舍内。饮水器随鸡日龄增大而调整。立体笼育时开始在笼内放饮水器饮水，1 周后应训练在笼外水槽饮水；平面育雏时应随日龄增大而调整高度。开饮时，还应特别注意防止雏鸡因长时间缺水而引起暴饮。

（2）开食。雏鸡出壳后第 1 次吃食称为开食。过早开食，雏鸡无食欲；过迟开食，雏鸡体力消耗过大，影响生长和成活。一般在出壳后 24~36h 开食。实践中以 1/3~1/2 雏鸡有啄食行为表现时开食为宜，最迟不超过 48h。开食常用玉米、小米、全价颗粒料、碎粒料等。小米用开水烫软，玉米粉用水拌湿在锅内蒸，放凉后用手搓开，然后直接撒在牛皮纸上或深色塑料布上，让鸡自由采食。经 2~3d 后逐渐过渡到采用料槽或料桶饲喂全价配合饲料。在生产实践中，大部分鸡场直接用全价颗粒饲料开食。

（3）喂饲。饲喂时应遵守少喂勤添的原则，第 1 天喂 2~3 次，以后每天喂 5~6 次，随着鸡日龄的增大，饲喂次数减少，到 6 周龄减少到每天 4 次。要保证足够的槽位，确保所有雏鸡同时采食。为提高雏鸡的消化能力，从 10 日龄起可在饲料中加入少量干净细沙。

（4）饲料配合。在配制雏鸡饲料时，要充分考虑当地的饲料资源，参考我国鸡的饲养标准，配制符合不同阶段雏鸡营养需要的全价日粮，以满足其营养需要。同时，应考虑饲料的适口性，消化性等。

二、育成鸡的养殖技术

7~20 周龄这个阶段叫育成期，处于这个阶段的鸡叫育成鸡（也叫青年鸡、后备鸡）。育成鸡生长发育旺盛，抗逆性增强，疾病也少。因此，鸡进入育成期后，在饲养管理上可以粗放一点，但必须在培育上下功夫，使其在以后的产蛋期保持良好的体质和产蛋性能，种用鸡发挥较佳的繁殖能力。

（一）育成鸡的饲养方式

（1）地面平养。指地面全铺垫料（稻草、麦秸、锯末、干沙等），料槽和饮水器均匀地布置在舍内，各料槽、水槽相距在3m以内，使鸡有充分采食和饮水的机会。这种方式饲养育成鸡较为落后，稍有条件和经验的养鸡者已不再采用这种方式。

（2）栅养或网养。指育成鸡养在距地面60cm左右高的木（竹）条栅或金属网上，粪便经栅条之间的间隙或网眼直接落于地面，有利于舍内卫生和定期清粪。栅上或网上养鸡，其温度较地面低，应适当地提高舍温，防止鸡相互拥挤、打堆，同时注意分群，准备充足的料槽、水槽（或饮水器）。栅上或网上养鸡，取材方便，成本较低，应用广泛。

（3）栅地结合饲养。以舍内面积1/3左右为地面，2/3左右为栅栏（或平网）。这种方式有利于舍内卫生和鸡的活动，也提高了舍内面积的利用，增加鸡的饲养只数。这种方式应用不很普遍。

（4）笼养。指育成鸡养在分层笼内，专用的育成鸡笼的规格与幼雏笼相似，只是笼体高些，底网眼大些。分层育成鸡笼一般为2~3层，每层养鸡10~35只。这种方式应提倡发展。

笼养育成鸡与平养相比，由于鸡运动量减少，开产时体重稍大，母鸡体脂肪含量稍高，故对育成鸡应采取限制饲养，定期称重，测量胫长，以了解其生长发育和饲养是否合适，以便及时调整。

（二）育成鸡的饲粮配合

根据育成鸡的生理特点，在育成期如果给予充足的能量和蛋白质，容易引起早熟和过肥。因此，日粮中应适当降低能量和蛋白质的水平。9~18周龄蛋白质和代谢能分别为15.5%和

11.70MJ/kg；钙和有效磷之比为（2.0~2.5）：1，不可过量，防止骨骼过早沉积钙量，影响产蛋期对钙的吸收和代谢；日粮中可适当增加糠麸类的比例，粗纤维可控制在5%左右。

（三）育成鸡的限制饲养

限制饲养简称限饲，就是人为地控制鸡的采食量（限量法）或者降低饲料营养水平（限质法），以达到控制体重和防止性早熟的目的。

（1）限质法。限质法就是使日粮中某些营养成分的含量低于正常水平，造成营养成分不平衡，使生长速度降低。包括低能量日粮、低蛋白日粮、低赖氨酸日粮等。通常将日粮中粗蛋白降至13%~14%，代谢能比正常低10%左右，赖氨酸含量降到0.4%。

（2）限量法。限量法就是通过控制其喂料量来达到限饲的目的。鸡群限饲时所用的饲料必须是全价饲料，喂料量限制在大约为自由采食量的90%。限量的方法常用的有隔日限饲、每日限饲和每周饥饿2d（简称5/2限饲法）的限制饲养方法等。每日限饲是指将每天限定的饲料量1次投喂，即1d只加1次料。隔日限饲是指将两天限定的饲料量在第1天喂给，第2天只加水不加料。每周饥饿两天的限制饲养是指将1周限定的饲料量平均分在5d饲喂，有两天只加水不加料。一般情况下，每周的星期一、三不加料，只加水，饲料平均分在其他5d喂。目前，实践中常采用限量法，蛋鸡多采用每日限饲和每周饥饿2d的限制饲养方法。

（四）育成鸡的管理

1. 前期管理

（1）育成期初的过渡。

转群：育雏结束后将雏鸡由育雏舍转入育成舍，转群一般在6~7周龄进行。转群前1~2周应按体重大小分别饲养在不同的笼内；转群前3~5d，应按应激时维生素的需要量补充维生素；转群前 6h 停止喂料；转群后应尽快恢复喂料和饮水，饲喂次数增加 1~2 次；由于转群的影响，可在饲料中添加 0.02%多种维生素和电解质；转群后，为使鸡尽快适应环境，应给予 48h 连续光照，2d 后恢复正常的光照制度。

脱温：鸡饲养到 30~45 日龄时脱温。脱温应逐渐进行，常采用夜间加温、白天停温，阴雨天加温、晴天停温，逐渐减少加温时间，经过 1 周左右过渡，完全停温。

换料：育雏结束后将雏鸡料换成育成鸡料。换料应逐步进行，需 1~2 周的过渡。若鸡群健康，整齐一致，可采用五、五过渡，即 50%的育雏料加 50%的育成料，混合均匀，饲喂 1 周，第 2 周全部喂育成料。若鸡群不整齐，采用三、七过渡，再加 1 周五、五过渡。即第 1 周 70%的育雏料加 30%的育成料，饲喂 1 周，50%的育雏料加 50%的育成料再饲喂 1 周，第 3 周全部改喂育成料。

（2）增加光照。育成鸡光照的原则是每天光照时数应保持恒定或逐渐减少，切勿增加。若自然光照不能满足，用人工补充。

（3）整理鸡群。育成前期应按体重大小强弱分群，不同群不同对待。

2. 日常管理

（1）训练上栖架。鸡有登高栖息的习性，育成鸡平养时，上栖架既有利于鸡体健康，避免夜间鸡群受惊受潮，又可防止因挤压而发生伤亡。栖架一般用 4cm×6cm 的木棍或木条制作，每只鸡占有 10~20cm 的位置，斜立或平立均可，高度为 60~80cm，间距 30~35cm。

（2）定期称重。体重是衡量鸡群生长发育的重要指标之一，要求每周称重 1 次，然后求出平均体重，平均体重和标准体重对照，调整饲喂量，以得到比较理想的体重。

（3）搞好卫生防疫。定期清扫鸡舍，更换垫料，注意通风换气，执行严格的消毒制度。

（4）保持环境安静、稳定。要尽量减少应激，避免外界的各种干扰，抓鸡、注射疫苗等动作要轻，不能粗暴，转群最好在夜间进行。另外，不要随意变动饲料配方和作息时间，饲养人员也应相对固定。

（5）选择淘汰。在育成过程中，要勤观察鸡群的状况，结合称重结果，对体重不符合标准的鸡以及病、弱、残鸡应尽早淘汰，以免浪费饲料和人力。一般在 6~8 周龄即育雏期结束转入育成期时进行初选，第 2 次一般在 18~20 周龄时结合转群或接种疫苗进行。

3. 开产前的管理

（1）转群。转群一般在 17~18 周龄由育成鸡舍转入产蛋鸡舍。

（2）补钙。研究发现，形成蛋壳的钙约有 25% 来自骨髓，75% 来自日粮。因此，开产前必须为产蛋储备充足的钙，在鸡群达到开产体重至产蛋率达到 1% 期间，应将日粮的含钙量提高到 2%；当产蛋率达到 1% 后应立即换成高钙日粮，而且日粮中有 1/2 的钙以颗粒状（直径 3~4mm）石灰石或贝壳粒供给。

（3）控制体重。限饲是控制体重的唯一方法。体重控制是根据实际情况灵活掌握，只有育成鸡体重超过标准体重时，才进行限制饲养。当平均体重超过标准体重 1% 时，下周喂料量在标准喂料量的基础上减少 1%；当平均体重低于标准体重时，下周喂料量在标准喂料量的基础上增加 1%。

（4）自由采食。若育成鸡体重低于标准体重时不限饲，采用自由采食。

第四节　肉鸡养殖技术

一、初生雏的选择与安置

（1）初生雏鸡的选择。选择符合品种标准的健壮雏鸡是提高肉用仔鸡成活率的重要环节。健壮雏鸡的特征是眼大有神、活泼好动，叫声响亮，腹部柔软、平坦，卵黄吸收良好，脐口平整、干净，手握雏鸡有弹性，挣扎有力，体重均匀，符合品种要求。

（2）初生雏的安置。出壳后的雏鸡，待绒毛干燥后应立即运往育雏室。用专门的运雏盒包装雏鸡，选择平稳快速的交通工具，运输途中应定时观察盒内雏鸡表现，防止过冷、过热和挤压死亡。运到育雏室后，应及时检查清点，捡出死雏，分开强弱雏，并将弱雏安置在温度稍高的位置饲养。

二、环境条件的控制

（1）温度。肉用仔鸡所需要的环境温度比同龄蛋用雏鸡高 1℃左右，供温标准可掌握在第 1~2 天为 33~35℃，以后每天降温 0.5℃左右，一般以每周递减 2~3℃的降温速度为宜。降温过快，雏鸡不易适应，降温过慢对羽毛生长不利。从第 5 周开始环境温度可保持在 20~24℃，有利于提高肉用仔鸡的增重速度和饲料转化率。

（2）湿度。湿度对雏鸡的健康和生长影响较大。高湿低温，雏鸡易受凉感冒，病原菌易生长繁殖，而且容易诱发球虫病；湿度过低，则雏鸡体内水分随着呼吸而大量散发，影响雏鸡体内卵黄的吸收，引起大量饮水，易发生腹泻，导致脚趾干瘪无光泽。

在一般情况下，第 1 周相对湿度应保持在 70%~75%，第 2 周为 65%，第 3 周以后保持在 55%~60%为宜。在育雏的头几天，舍内温度较高，相对湿度会偏低，应注意补充室内水分，可采用在地面和墙上喷水等措施来增加湿度。1 周以后由于雏鸡呼吸量和排粪量增加，室内的湿度会提高，此时应注意用水，不要让水溢出，造成湿度过大，同时加强通风换气，并将过湿的垫料及时替换，以控制室内湿度在适宜的范围内。

（3）通风换气。由于肉用仔鸡生长快、代谢旺盛，饲养密

度大，极易造成室内空气污浊，不利于雏鸡的健康，易导致缺氧引起腹水症发生。所以要注意通风换气，保持室内空气清新，温湿度适宜。有条件的鸡场可采用机械纵向负压通风方式。当气温高达30℃以上时，单纯采用纵向通风已不能控制热应激，须增设湿帘等降温装置。采用自然通风时要注意风速，防止贼风。一般情况下，以人进入鸡舍不感到较强的氨气味和憋气的感觉为宜。

(4) 光照。光照的目的是延长雏鸡的采食时间，促进生长。但光线不能过强。一般1日龄时23h光照，1h黑暗，使鸡适应新的饲养环境，熟悉采食、饮水位置。也可在夜间喂料和加水时给光1~2h，然后黑暗2~4h，采用照明和黑暗交替方式进行光照。

为了防止肉用仔鸡猝死症、腹水症和腿病的发生，可采用适度的限制光照程序。一般在3日龄前24h光照，4~15日龄12h光照，以后每周增加4h光照，从第5周龄开始给予23h光照，1h黑暗至出栏。

光照强度掌握的原则是由强到弱，第1~2周光强度为10lx，第3周开始可降到5lx直至出栏。灯泡安装要均匀，以灯距不超过3m，灯高2m为宜。

(5) 饲养密度。饲养雏鸡的数量应根据育雏舍的面积来确定。饲养的密度要适宜，密度过大或过小都会影响鸡的生长发育。当饲养密度过大时，鸡的活动受限，造成空气污浊，湿度过大，鸡群的整齐度差，易发病和发生啄癖。当饲养密度过小时，又会影响鸡舍的利用，增加鸡的维持消耗，不经济。适宜的密度必须根据饲养方式、鸡舍条件、饲养管理水平等确定。网上平养和笼养时的密度可比地面垫料平养高出30%~100%。开放式鸡舍自然通风，按体重计算，鸡群密度不应超过20~22kg/m^2，环境控制鸡舍可增加到30~33kg/m^2。

三、合理分群

分群饲养是管理中一项繁重的工作。由于公鸡和母鸡的生长速度不同，如果混养，当公母鸡长到2周龄后对食槽、水槽高低要求不同，往往不能满足。另外，母鸡7周龄后生长速度相对下降，而公鸡的快速增重期可持续到9周龄，所以出栏的时间不同。因此，在生产中按照鸡只的体质强弱、性别、体重大小进行分群管理，有利于鸡只都能吃饱、喝足，生长整齐一致，提高经济效益。

四、减少胸囊肿

胸囊肿是肉用仔鸡的常见病，这是由于鸡的龙骨承受全身的压力，使其表面受到刺激和摩擦，继而发生皮质硬化，形成囊状组织，其里面逐渐积累一些黏稠的渗出液，呈水疱状，颜色由浅变深。究其产生原因，是由于肉用仔鸡早期生长快、体重大，在胸部羽毛未长出或正在生长的时候，鸡只较长时间卧伏在地，胸部与结块的或潮湿的垫草接触摩擦而引起。

预防胸囊肿的措施有：保持垫料的干燥、松软，有足够的厚度，对潮湿的垫料要及时更换，对板结的垫料要用耙齿抖松；适当的赶鸡运动，特别是前期，以减少肉用仔鸡卧伏的时间，后期应减少趟群的次数。采用笼养或网上饲养，必须加一层弹性塑料网垫，可以减少囊肿的发生。

五、疫病防制

鸡舍不但应在进雏前彻底清理和消毒，而且也应在进鸡后定期消毒，以保证安全生产。一般在夏季每周1次，冬季半个月带鸡消毒1次；对鸡舍的周围环境也必须每隔一定时间消毒1次；对肉用仔鸡本身可定期在饮用水中适量加入浓度为5mg/kg的漂白粉或浓度为0.1%的高锰酸钾溶液，以杀死饮用水中的病原菌和胃肠道中的有害菌类。消毒时，应避开鸡的防疫。一般

在防疫前后 4~5d 不能进行消毒，否则会影响防疫效果。

另外，要根据所养鸡种的免疫状况和当地传染病的流行特点，再结合各种疫苗的使用时间，编制防疫制度表并严格执行。在生产中除了用疫苗防疫外，还应定期在饲料中投放预防疫病的药物，以确保鸡群健康。肉鸡在上市前 1 周停止用药，防止鸡肉药物残留，确保肉品无公害。

为了更有效地加强卫生防疫管理，鸡场还要严格执行隔离制度，以保证鸡场不受污染。要求鸡场内除了饲养员外，其他人员不得随意进出鸡场；要谢绝外来人员参观；场内饲养员之间严禁互相串动；对病死鸡要及时有效地处理或深埋或焚烧。

第五节　土鸡养殖技术

一、放养管理

（一）初次放养

初次放养的用于纯土鸡扩群的鸡，必须是通过严格检疫的健康半土鸡或其他优良品种鸡，数量要在 500 羽以上。放养时公母比例不限、品种多元，以期最终实现多元化杂交、逐步达到种群趋向野生性的目的。

（二）平时放养

逐步训练鸡群白天漫山遍野自由觅食，夜间回到舍内栖息。注意当少数鸡只拒绝驯化，坚持在野外栖息时，不可强迫其回鸡舍，而要温和驯化，使其随大群入鸡舍栖息。

在放养场地分点放置饮水器具，每天更换 1 次饮水，以保证鸡只饮水清洁充足。

大部分母鸡进入产蛋期后会到事先设置的产蛋窝内下蛋，但也会出现少数母鸡在荆棘野草丛中产蛋。此时注意不可将母鸡强赶到产蛋窝，以免引起应激反应而影响产蛋。

在果园放养土鸡，鸡群可在园内自由觅食，刨食虫子、嫩青草、草籽等，鸡粪排在地上可改良土壤，有利于林间青草和果树的生长。注意果园不需锄草，这样更有利于蟋蟀、蚂蝗、虫蛹等昆虫的出现，同时青草也是土鸡的主要食物。另外，在给果树喷药时，尽量避免将药液洒在地面上。可预先人工采集嫩青草、虫子、野生食物等，在舍内饲喂鸡只 7d 后再将鸡群赶至果园放养，每亩（1 亩 ≈ 667m²，全书同）果园以放养 30 ~ 50 只为宜。

（三）及时孵化与放养

无论是在野地荒坡还是果园树林放养土鸡，都要及时收集鸡蛋并鉴定是否受精，尽快将受精蛋送往孵化室孵化。孵化出的雏鸡饲喂 5~7d 小米后，即可放到舍外散养。

二、种草植树

每年要趁雨季人工撒种，宜选择抗旱力强的牧草种子；同时进行植树造林，以栽植经济树种为好。这样做既可绿化荒山坡地、使放养场地牧草品种多样化，又能为土鸡活动创造一个更加良好的自然生态环境。

当果园杂草老化时，可隔一段距离割一片草，以促使嫩青草从根部长出。另外，还要在果树地种植紫花苜蓿、普那菊苣等优质牧草，注意不同牧草要间隔种植。开花型牧草能够招蜂引蝶，蜜蜂采蜜可使牧草结出更多籽实，引来的蝶类，其卵、幼虫、成虫、虫蛹等皆可供土鸡觅食。

三、预防鼠害

在野外放养土鸡，狐狸、黄鼠狼、雄鹰虽已不多见，但有时仍会出现崖鼠、老鼠等，主要对 1 周龄的土鸡产生危害。应勤查放养地中有无鼠洞，并及时采取必要的灭鼠措施。

管理人员要定期做好巡查工作，除了每天给定位的饮水器换水外，还要清点雏鸡数量，若有减少现象，应及时查明原因，

采取防护措施。

四、免疫接种与消毒

在野生环境中放养的土鸡，不分公母比例而自然形成多元化杂交优势，鸡只体格健壮，机体免疫力和抗病能力强，且因放养密度小而很少发生疫病或常见病。笔者做了一个试验：用同样器具同等力度敲砸土鸡和普通鸡的腿骨，结果土鸡的腿骨需 4~6 次方可砸裂、甚至不裂，而普通鸡的腿骨只需砸 1 次即裂。观察其骨髓，土鸡色紫红而普通鸡色浅、质疏松，而骨髓既是造血器官又属免疫系统，骨髓更健康使其能够发挥更好的免疫功能。另外，土鸡的胸腺也比普通鸡发达。所以，对于放养土鸡每年只需注射 1 次禽流感和新城疫疫苗即可，其他疫苗不需要注射。注意定期对鸡舍和饮水器具进行消毒。

第五章 鸭的养殖技术

第一节 鸭场规划与建设

一、场址选择

鸭场场址的选择要根据养鸭场的性质（如商品肉鸭场、肉种鸭场）、养鸭规模（小群养殖和规模养殖鸭场建设要求不同）、自然条件（气候、地势等因素）和社会条件等因素进行综合权衡而定。通常情况下，场址的选择必须考虑以下问题。

（一）地形地势

鸭场的地形地势直接关系排水、通风、光照等条件，这些都是养鸭过程中重要的环境因素。建设鸭场应选择地势高燥、排水性好的地方，地形要开阔整齐，不宜选择过于狭长和边角多的场地。在山区鸭场建设应注意不要建在昼夜温差太大的山顶或通风不良和潮湿的山谷深洼地带，应选择在半山腰处建场。山腰坡度不宜太陡，也不能崎岖不平。宜选择南向坡地，这样可得到充足的光照，使场区保持干燥，避免冬季北风的袭击。

（二）土质

鸭场建设场地的土质以地下水位较低的沙壤土最好，其透水性、透气性好，容水量、吸湿性好，毛细管作用弱，导热性小，保温性能好，质地均匀，抗压性强，不利于微生物繁殖，土质不能黏性太大。黏土、沙土等土质都不适宜建设鸭场，被化学物污染或病原微生物污染过的土壤上不能建设养殖场。

（三）水源

鸭场用水包括鸭饮水、洗浴、冲圈用水和饲养管理人员的生活用水，因此要保证在水源充足、水质良好的地方建设鸭场。水源应无污染，鸭场附近无畜禽加工厂、化工厂、农药厂等污染源，离居民点不能太近，还应考虑到取水方便，减少设备投资。地下水丰富的地区可优先考虑利用地下水源。在地下 8～10cm 深处，有机物和细菌大大减少，因此大型鸭场最好能自建深井，以保证用水的质量。水质必须抽样检查，每 100mL 水中的大肠菌群数量不能超过 5 000 个。

（四）交通和电力

鸭场要求交通便利，场址要离物资集散地近些，与公路、铁路或水路相通，有利于产品和饲料的运输，降低成本。为防止噪声和利于防疫，鸭场离主要交通要道至少要 500m 以上，同时要修建专用道路与主要公路相连。

电力是现代养鸭场不可缺少的能源，鸭场孵化、照明、供暖保温、自动化养殖系统都需要用电，因此应有可靠的电源保障。工厂化养鸭场除要求接入电网线外，还必须自备发电设备以保证应急用电。

（五）其他配套条件

鸭场最好选择建在有广泛种植业基础的地方，这样污水处理可结合农田灌溉，种养结合，既减少了种植业化肥的投入，又降低了养鸭粪污处理成本。但要控制养殖粪污在农田的合理利用，以免造成公害。

二、鸭场布局

养鸭场内建筑物的布局合理与否，对场区环境状况、卫生防疫条件、生产组织、劳动生产率及基建投资等都有直接影响。为了合理布局建筑物，应先确定饲养管理方式、集约化程度、机械化水平以及饲料的需要量和供应情况，然后进一步确定各种建筑物的形式、种类、面积和数量。在此基础上综合考虑场地的各种因素，制订最优的养鸭场建设布局方案。

（一）鸭场的分区

一个规模化养鸭场通常分为管理区、生产区、病鸭饲养区与粪污处理区等功能区。管理区主要包括职工宿舍、食堂、办公室等生活设施和办公用房；生产区主要包括洗澡、消毒、更衣消毒室及饲养员休息室、鸭舍（育雏舍、育成舍、产蛋舍）、蛋库、饲料仓库等生产性用房；病鸭饲养与污物处理区主要包括兽医室、鸭隔离舍、厕所、粪污处理池等。肉鸭养殖业小区内依据饲养规模和占地面积应保证一定的绿化面积。小型鸭场一般遵循与规模化鸭场布局一致的原则，将饲养员宿舍、仓库、食堂放在最外侧，鸭舍放在最里面，以避免外来人员随便出入，同时还要方便饲料、产品的装卸和运输。

（二）建筑物的布局

鸭场要保证良好的环境和进行高效率的生产，建设时除根据功能分区规划外还应考虑各个区域建筑物的布局，要从人禽保健的角度出发，以建立最佳生产联系和卫生防疫条件来合理安排各区位置。首先，应该考虑人员工作和生活集中场所的环境保护，使其尽量不受饲料粉尘、粪便气味和其他废弃物的污染；其次，要注意鸭生产群的防疫卫生，尽量杜绝污染源对生产群环境污染的可能性。

1. 风向与地势

鸭场各种房舍要按照地势高低和主导风向，按照防疫需要的先后次序进行合理安排。综合性鸭场尤应注意鸭群的防疫环境，不同日龄的鸭群之间也必须分成小区，并有一定的隔离设施。规划时要将职工生活和生产管理区设在全场的上风向和地势较高处，并与生产区保持一定的距离。生产区即饲养区是鸭场的核心，应设在全场的中心地带，位于管理区的下风向或与管理区的风向平行，而且要位于病鸭及污物管理区的上风向。

病鸭饲养与污物管理区位于全场的下风向和地势最低处，与鸭舍要保持一定的卫生间距，最好设置隔离屏障。如果地势与风向不一致，按防疫要求又不好处理，则应以风向为主，地势服从风向，地势问题可通过挖沟、设障等方式解决。

2. 朝向

鸭舍朝南或东南最佳。场址位于河、渠水源的北坡，坡度朝南或东南，水上运动场和陆上运动场在南边，舍门也朝南或东南开。这种朝向，冬季采光面积大，有利于保暖；夏季通风好，又不受太阳直晒，具有冬暖夏凉的特点，有利于提高生产性能。另外，对于自然通风为主的有窗鸭舍或敞开式鸭舍，夏季通风是个重要问题。从单栋鸭舍来看，鸭舍的长轴方向垂直于夏季的主风向，在盛夏之日可以获得良好的通风，对驱除鸭舍的热量及改善鸭群的体感温度是有利的。

3. 生产区的设计布局

生产区是鸭场的主体，设计时应根据鸭场的性质和饲养品种有所偏重，种鸭场应以种鸭舍为重点，商品肉鸭以肉鸭舍为重点，大型品种和小型品种鸭舍建筑要求也不相同。各种鸭舍之间最好设绿化带。在估算建筑面积时，要考虑鸭的品种、日龄、生产周期、气候特点等，但要留有余地，适当放宽计划，科学、周密地推算，生产时充分利用建筑面积，提高鸭舍的利用率。

第二节　鸭的主要品种

一、肉用鸭品种

（1）北京鸭。原产于北京西郊，是世界著名的肉用鸭标准品种，在国际养鸭业中占有重要地位，许多国家引进北京鸭来改良当地鸭种，培育出许多高产品系。北京鸭具有生长快、育肥性能好、肉味鲜美及适应性强等特点。其体型硕大丰满，头部长大，颈粗稍短，体长背宽，前胸突出，两翅较小而紧附于体，尾短而上翘。公鸭尾部有4根向背部卷曲的性羽。喙、胫、蹼为橘红色，眼的虹彩蓝灰色。雏鸭绒毛金黄色，成鸭羽毛为白色。性情温驯，好安静，适于集约化饲养。性成熟早，一般150~180日龄开产，年产蛋200~240枚，蛋重90~95g，蛋壳白色，无就巢性。配套系商品肉鸭49日龄体重可达3.0kg以上，料肉比（2.8~3.0）：1。北京鸭填饲2~3周，肥肝重可达300~400g。

（2）樱桃谷鸭。是由英国樱桃谷公司引进北京鸭和埃里期伯里鸭杂交培育而成的配套系鸭种。樱桃谷鸭具有生长快、饲料转化率高、抗病力和适应性强、肉质好、耐旱地饲养等特点。外形酷似北京鸭，雏鸭绒毛呈淡黄色，成年鸭全身为白羽，少数有零星黑色杂羽。体型硕大，头大额宽，体躯呈长方体，体躯倾斜度小，几乎与地面平行，喙、胫、蹼为橙黄色或橘红色。年产蛋210~220枚，蛋重85~90g；商品代49日龄体重3.0~3.5kg，料肉比为（2.7~2.8）：1。近年来，英国樱桃谷公司培育出SM2系超级肉鸭，商品代肉鸭47日龄活重3.45kg，料肉比2.32：1。

（3）狄高鸭。是由意大利狄高公司引进北京鸭选育而成的大型肉鸭配套系。外形与北京鸭相似，具有抗寒耐热能力、适应旱地饲养的特点。全身羽毛白色，头大且稍长，喙橙色，胫、蹼橘红色，背宽长，胸宽，尾稍翘起。年产蛋200~230枚，平均蛋重88g，蛋壳白色。商品代49日龄体重达3.0~3.5kg，料肉比（2.9~3.0）：1。

（4）奥白星肉鸭。是由法国奥白星公司培育的肉鸭配套系。具有生长快、早熟易肥、体型硕大、屠宰率高等特点。外貌与樱桃谷鸭相似。鸭绒羽为黄色，成年鸭全身为白色，喙、胫、蹼橙黄色。头大颈粗，胸宽，体躯稍长，胫短粗。该鸭性喜干爽，能在陆地上进行自然交配，适应旱地圈养或网养。父母代性成熟期24周龄，年产蛋220~230枚，商品代45~49日龄体重3.2~3.3kg，料肉比（2.4~2.6）：1。

（5）天府肉鸭。是由四川农业大学利用引进品种和地方良种杂交培育而成的肉鸭配套系。体型硕大丰满，羽毛洁白，喙、胫、蹼呈橙黄色，母鸭随产蛋日龄增长，颜色逐渐变浅，甚至出现黑斑。初生雏鸭黄色。商品代肉鸭49日龄体重3.0~3.20kg，料肉比（2.7~2.9）：1。

（6）瘤头鸭。又称番鸭、西洋鸭。原产于南美洲和中美洲热带地区。适合我国南方各省饲养。瘤头鸭与一般家鸭同科不同属。头大，颈粗短，眼至喙周围无羽毛，喙基部和眼周围有红色或黑色皮瘤，胸部宽平，腹部不发达，尾部较长，体形呈橄榄形，腿粗短有力，羽毛颜色主要有黑白两种，有少量黑白羽毛中含银灰色羽。黑色瘤头鸭的羽毛具有墨绿色光泽，喙肉红色有黑斑，皮瘤黑红色，胫、蹼多为黑色，虹彩浅黄色。白羽瘤头鸭的喙呈粉红色，皮瘤鲜红色，胫、蹼为黄色，虹彩浅灰色。黑白花的瘤头鸭喙为肉红色，且带有黑斑，皮瘤红色，胫、蹼黑色。瘤头鸭生长快、体重大、肉质好，善飞而不善于游泳，适合舍饲。母鸭6~7月龄开产，一般年产蛋80~120枚，蛋重65~70g，蛋壳多白色，也有淡绿色或深绿色。母鸭有就巢性。成年公鸭体重2.5~4kg，母鸭2~2.5kg，仔鸭90日龄体重公鸭2.7~3kg，母鸭1.8~2.4kg，料肉比3.2：1。

二、蛋用鸭品种

（1）绍鸭。又称绍兴麻鸭，原产于浙江省绍兴地区，具有产蛋多、成熟早、体型小、耗料少等特点，既适于圈养，又适于放牧，是我国麻鸭类型中的优良蛋鸭品种。全身羽毛以褐麻色为基色，有带圈白翼梢和红毛绿翼梢两个品系。带圈白翼梢的母鸭以棕黄麻色为主，颈中部有2~4cm宽的白色羽环，主翼羽全白色，性情较躁，适于放牧。公鸭羽毛深褐色，头颈上部羽毛带墨绿色光泽，雄性羽墨绿色，喙橘黄色，胫、蹼橘红色。

红毛绿翼梢的母鸭以红棕色麻羽为主，无白羽颈环，翼羽墨绿色，公鸭全身羽毛深褐色，头、颈部羽毛有墨绿色光泽，镜羽墨绿色，雄性羽墨绿色，喙橘黄色，胫、蹼橘红色。性情温驯，适于圈养。绍鸭早熟，140～150日龄开产，年产蛋250枚左右，高产群可达310枚以上，蛋重66～68g，蛋壳颜色多为白色，料蛋比2.7∶1。成年体重，带圈白翼梢公鸭1.42kg，母鸭1.27kg；红毛绿翼梢公鸭1.32kg，母鸭1.26kg。

（2）金定鸭。原产于福建省厦门地区，具有勤觅食、适应性强、耐劳善走的特点，适于海滩、水田放牧饲养。公鸭胸宽背阔，体躯较长，头部和颈上部羽毛具有翠绿光泽，无明显的白颈圈，前胸赤褐色，背部灰褐色，腹部羽毛呈细节花斑纹。母鸭体躯细长，匀称紧凑，外形清秀。脚胫橘红色，爪黑色。金定鸭产蛋期长，高产鸭在换羽期和冬季能持续产蛋而不休产，产蛋率高。110～120日龄开产，年产蛋260～300枚，平均蛋重70～72g，蛋壳多为青色，是我国麻鸭品种中产青壳蛋最多的品种。成年体重公鸭1.6～1.78kg，母鸭1.75kg。

（3）卡基·康贝尔鸭。是英国采用浅黄色和白色印度跑鸭母鸭与法国芦安公鸭杂交，再与公野鸭杂交培育而成，是世界著名蛋鸭品种。体型稍大，体躯宽而深，背平直而宽，颈略粗，胸腹部饱满，站立时体躯与地面近似平行，外观似兼用型，但产蛋性能好，且性情温驯，不易受应激，适于圈养。雏鸭羽毛深褐色，喙、脚为黑色，长大后羽色逐渐变浅，成年公鸭头、颈、翼、肩和尾部羽毛为古铜色，其余部位羽毛为茶褐色，喙墨绿色，胫、蹼橘红色；成年母鸭头、颈部羽毛为深褐色，其余部位为茶褐色，喙浅褐色或浅绿色；胫、蹼为黄褐色。成年公鸭体重2.3～2.5kg，母鸭2.0～2.2kg。开产日龄130～140d，年产蛋270～300枚，蛋重71～73g，蛋壳为白色。

三、兼用型鸭品种

（1）高邮鸭。原产于江苏省里下河地区。以产双黄蛋著称。

高邮鸭具有体型大、生长快、擅潜水、觅食能力强、耐粗饲等特点，适宜放牧饲养。高邮鸭公鸭体型较大，背阔肩宽，胸深，体形呈长方形。头颈上半部羽毛均为深绿色，背、腰为褐色花毛，前胸棕色，腹部白色，尾羽黑色。喙淡青色，胫、蹼橘红色，爪黑色。俗称"乌头白档，青嘴雄"。母鸭为麻雀色羽，淡褐色。高邮鸭一般 180 日龄开产，平均年产蛋 180 枚左右，蛋重 80~85g，蛋壳以白色为主，双黄蛋占产蛋总数的 0.3% 左右。在放牧条件下，56 日龄体重可达 2.25kg，肉质鲜美。成年公鸭体重 3~3.5kg，母鸭 2.5~3kg。

（2）建昌鸭。原产于四川省凉山、安宁一带，以肥肝性能好而著称。体躯宽阔，头大颈粗。公鸭头、颈上部羽毛墨绿色，具光泽，前胸及鞍羽红褐色，腹部羽毛银灰色，尾羽黑色，喙墨绿色，故有"绿头、红胸、银肚、青嘴雄"的描述。母鸭羽毛浅褐色，麻雀羽居多。母鹅 150~180 日龄开产，年产蛋 150 枚，蛋重 72g，蛋壳青色。成年体重公鸭 2.2~2.6kg，母鸭 2.0~2.3kg。肉用仔鸭 90 日龄体重 1.66kg，育肥后鸭肝可达 400g 以上。

第三节　蛋鸭养殖技术

一、产蛋鸭的养殖技术

母鸭从开产直至淘汰（19~72 周龄）称为产蛋鸭。

1. 产蛋鸭的饲养

产蛋鸭在产蛋期必须饲喂优质的全价配合饲料，以满足产蛋鸭的营养需要。开产后应随产蛋率的上升，不断提高饲料质量，提高动物性饲料的比例，同时适当增加饲喂次数，由每天喂 3 次增至 4 次，白天喂 3 次，21—22 时点喂 1 次。每天每只鸭喂配合饲料 150g 左右。

2. 产蛋鸭的管理

（1）创造合适的环境。鸭舍应保持清洁卫生，定期消毒，保持干燥；运动场要求不湿、不潮、不泥泞；饲养用具要勤洗、勤晒。蛋鸭的适宜温度为 10~20℃。鸭舍一般采用弱光通宵光照，光照强度为 5~10lx，便于鸭群夜间饮水、采食，到产蛋窝产蛋。保持环境安静，减少应激对产蛋鸭的影响，以免引起产蛋率下降。

（2）合理密度与分群。产蛋期的蛋用型鸭饲养密度以每平方米 6~8 只为宜，每群以 500~800 只为好。

（3）及时淘汰低产、停产鸭。对低产、停产鸭及时发现及时淘汰。低产鸭一般体重过大或过小，外貌特征不符合本品种的要求。停产鸭喙、脚、趾的颜色已褪或较淡，羽毛松乱，无光泽。

（4）季节管理。春季是鸭产蛋的旺季，要保证供给营养丰富的饲料。每天的光照时间应达到并稳定在 16h。及时收集种蛋。夏季炎热多雨，注意防暑降温，做好防霉及通风工作，饮水不能中断，放牧应采取上午早出早归，下午晚出晚归，夜间让鸭在露天乘凉。秋季要注意补充人工光照，使每天光照时间达到 16h，并做好防寒、防风、保温工作。冬季要注意防寒保暖，舍内加厚垫料，保持干燥，增加光照，保证每天光照时间不低于 14h，放牧应迟放早归。

二、种鸭的养殖技术要点

1. 养好种公鸭，提高种蛋受精率

为获得受精率较高的种蛋，须养好公鸭，这样可保证配种公鸭体质健壮，性器官发育健全，性欲旺盛，精子活力好。公鸭的性成熟要比母鸭早 1~2 个月，在母鸭产蛋前，公鸭已经性成熟。在育成鸭阶段，公母最好分群饲养，采用以放牧为主的饲养方法，充分采食野生饲料，多锻炼，多活动。已经性成熟，

但未到配种期的公鸭，尽量旱地养，少下水活动，以减少公鸭互相嬉戏，形成恶癖。种公鸭需在留种蛋前 20d 放入母鸭群中，此时应多放水，少关养，刺激公鸭促使其性欲旺盛。

2. 公母比例适宜

蛋用型麻鸭品种，公鸭配种能力强，公母比例以 1∶（20 ~ 25）为宜，可保持受精率都在 90% 以上。在繁殖季节应随时观察鸭群的配种情况，如发现种蛋受精率偏低，应及时查找原因，尤其要检查公鸭生殖器官发育是否正常，不合格个体应及时淘汰，立即更换公鸭，发现伤残的公鸭应及时调出并补充。

3. 加强洗浴

鸭大多是在水中进行交配，且在水中配种比在陆地上配种的成功率高，种蛋受精率也高。鸭交配的高峰期主要在清晨和傍晚。因此应延长种鸭下水活动的时间，做到早放鸭出舍、迟关鸭，增加下水活动时间，有利于配种，提高受精率。如果种鸭场附近没有水库、池塘等水源，应在场内建人工水池，最好是流动水，若是静水应经常更换，保持水清洁不污浊。

4. 及时收集种蛋

每天清晨要及时收集种蛋，不要让种蛋受潮、受晒、被粪便污染。

5. 保持环境的干燥和卫生

保持舍内垫草干燥清洁，舍内通风要良好，减少舍内污浊空气。但不能在舍内地面洒水。

第四节 肉鸭养殖技术

肉鸭养至 42 ~ 49 日龄，或麻鸭养到 70 ~ 80 日龄，如不留作种用则转入育肥阶段，经过短期育肥，可作肉鸭出售。经过短期育肥，鸭的体重迅速增加，脂肪沉积，改善肉质，提高屠宰率。我国肉鸭的育肥方法主要包括放牧育肥、圈养育肥和人工填鸭育肥。

一、放牧育肥

一般多用于麻鸭的育肥，在我国南方水稻田地区或水田密布地区较多采用。放牧育肥季节性很强，通常1年有3个放牧育肥期，即春花田时期、早稻田时期、晚稻田时期。仔鸭在收稻前2个月育雏，放牧20~35d，体重达2.0kg左右，即可上市屠宰。放牧鸭群以600~800只为宜。可根据鸭群放牧觅食的情况，适当补饲。

二、圈养育肥

工厂化规模饲养条件下肉鸭常用的育肥方式，在无放牧条件或天然饲料较少的地区较多采用。鸭场应建有鸭舍及水、陆运动场，舍内设水槽、饲槽。饲喂高能量、高蛋白全价配合饲料，每天喂4次，任其自由采食，供给饮水。饲料中可加入砂砾或将砂砾放于料桶中，任鸭采食，以助于消化。适当限制鸭的活动，定时放鸭入水洗浴、活动，待毛干后赶回鸭舍休息。鸭舍要求光线较暗，空气流通，周围环境安静，舍内的垫料要经常翻晒或增加垫料，以免造成仔鸭胸囊肿。经过10~15d育肥饲养，可增重约0.5kg。圈养育肥不受季节影响，一年四季均可采用。

三、人工填鸭育肥

人工填鸭育肥是指通过人为强制鸭吞食大量高能量饲料，促进其在短期内快速增重和沉积脂肪，从而达到快速育肥的目的。填鸭主要供制作烤鸭用。大型肉鸭品种如北京鸭、樱桃谷鸭、番鸭及其与麻鸭杂交后代都是较为理想的填鸭品种，尤其以北京鸭较为常用。北京鸭填饲日龄在6~7周龄，体重达1.6~1.8kg时，经10~15d的强制填饲，体重达到2.7~3.0kg时即可上市。

第五节　种鸭养殖技术

一、生长阶段的养殖技术

种鸭从 1 日龄到进入产蛋前期（25 周龄）的整个生长过程为生长阶段，此阶段是养好种鸭的关键时期。生长阶段又分为育雏期和育成期。

（1）限制饲养。由于大型肉用种鸭具有生长快的遗传特性，早期表现生长迅速、体重大的趋势，因此生长阶段对鸭的体重控制是关键，也是种鸭饲养是否成功的决定因素。育雏期适当通过限制采食量和减少光照时间来控制体重，将 4 周龄时的体重最好控制在 1.0~1.2kg。进入到育成期，由于此期鸭的食欲旺盛，消化能力强，增重迅速，稍有不慎体重会超过标准。因此这一阶段的饲养特点主要是对种鸭进行限制饲养，有计划地控制饲喂量或限制日粮的能量和蛋白质水平。

目前一般采用限制饲喂量的方法进行限饲，主要有每日限量法和隔日限量法。每日限量即限制每天的喂料量，将每天的喂料早上一次性投给。适合于群体较小（100~200 只）的种鸭群；隔日限量即将两天规定的喂料量合并在 1d 饲喂，每喂料 1d 停喂 1d，这样 1 次投给的喂料量多，较小的鸭子也能采食到足够的饲料，鸭群生长发育整齐。本法适用于群体较大的种鸭群。喂料量以种鸭的平均体重为基础，与标准体重进行比较，确定种鸭下 1 周的喂料量。

（2）光照控制。育成期光照原则是光照时间不能延长、光照强度不能增加。每天的光照时间应控制在 9~12h。生产中此阶段一般采用自然光照。

二、繁殖阶段的养殖技术

（1）更换饲料。从 24 周龄起，将育成鸭料改为产蛋鸭料，并逐渐增加喂料量。每只鸭每天增加 10g 喂料量。开始产蛋大约在 26 周龄，每只鸭每天的喂料量再增加 15g，到产蛋达到 5% 以后，每天再增加 5g，增加 1 周后，使鸭过渡到自由采食，每天饲喂 2~3 次。

（2）光照。从 21 周龄起将自然光照改为每周逐渐增加人工光照，至 26 周龄时光照时间增加到 17h，光照强度不低于 10lx。产蛋期间，应保证稳定的光照制度，不可随意更改光照程序，否则将会影响鸭群的产蛋效果。

（3）饲养密度。繁殖期肉种鸭每平方米饲养不应超过 5 只。

（4）公母配比。肉用种鸭公母比例应以 1∶（5~6）为宜。产蛋后期淘汰配种性能差的公鸭，更换青年公鸭，可提高种蛋受精率。

（5）收集种蛋。鸭在夜间产蛋，每天早晨应尽早收集种蛋，尤其是产蛋箱外的蛋要及时捡起。收集的种蛋尽快消毒，并转入蛋库贮存。

（6）防止应激，减少畸形蛋。保持种鸭生活环境相对稳定；不让其他畜禽靠近种鸭群；饲养员喂料、捡蛋动作要轻。维持种鸭场周围清洁安静，保持空气新鲜，同时注意控制鼠害和寄生虫。

第六章 鹅的养殖技术

第一节 鹅场规划与建设

一、提供适宜的水面运动场

一般每只种鹅最好有 1~1.5m² 的水面运动场，水的深度在 1m 左右。

对于舍饲的种鹅，鹅舍最好设有水面运动场，以供鹅在水里嬉戏、求偶、交配。

对于放牧饲养的种鹅，如水面条件不够理想，也要保证早晨和傍晚种鹅交配的高峰能够及时放水。

要求水质良好，无污染，最好是流动的水源。

二、选址合理

养鹅场的场址应选择在地势高燥、背风向阳、便于排水、水源洁净充足、远离居民生活区的地方。

三、场区排水和排污设施完善

场内应该具有便捷的排水、排污设施，对场区污水应尽量采用暗管排放，集中处理，场区实行雨污分流排放的原则。

四、场区内应该加强绿化

规模化鹅场还应该重视加强场内绿化。良好的绿化不仅能美化环境，而且在一定程度上阻断病原的传播。种植的树木可以为场区遮阳降温，优质牧草可以给鹅提供青饲料。

五、防疫设施

场内应有完善的病鹅、污水及废弃物无害化处理设施，搞好场内粪污及病死鹅的无害化处理，定期除尘、全面灭鼠、消灭有害昆虫，防止病原微生物的传播。

第二节　鹅的主要品种

一、国内品种

（1）狮头鹅。原产于广东饶平县，是我国最大型的鹅种，也是世界大型鹅种之一。因前额和颊侧肉瘤发达呈狮头状而得名。体型硕大，体躯呈方形。头部前额肉瘤发达，两颊有 1~2 对黑色肉瘤，颌下咽袋发达，一直延伸到颈部。喙短，质坚实，黑色，眼皮突出，多呈黄色，虹彩褐色，胫粗蹼宽为橙红色，有黑斑，皮肤米色或乳白色，体内侧有皮肤皱褶。全身背面羽毛、前胸羽毛及翼羽为棕褐色，由头顶至颈部的背面形成如鬃状的深褐色羽毛带，全身腹部的羽毛白色或灰色。成年公鹅体重 10~12kg，母鹅 9~10kg。母鹅开产日龄为 180~240d，年产蛋 25~35 枚，平均蛋重 203g，就巢性强。70~90 日龄上市未经育肥的仔鹅，公鹅平均体重 6.12kg，母鹅 5.5kg。狮头鹅肥肝性能好，平均肝重 706g，最大肥肝可达 1.4kg，肝料比为 1∶40，是我国生产肥肝的专用鹅种。

（2）四川白鹅。产于四川省温江、乐山、宜宾和达县等地。在我国中型鹅种中以产蛋量高而著称。四川白鹅作为配套系母本，与国内其他鹅种杂交，具有良好的配合力和杂交优势，是培育配套系中母系的理想品种。基本无就巢性，全身羽毛白色，喙、胫、蹼橘红色，虹彩蓝灰色。公鹅体型稍大，头颈较粗，额部有一呈半圆形的橘红色肉瘤；母鹅头清秀，颈细长，肉瘤

不明显。成年公鹅体重 5.0~5.5kg，母鹅 4.5~4.9kg。60 日龄体重 2.5kg，90 日龄 3.5kg，母鹅开产日龄 180~240d，年产蛋 60~80 枚，平均蛋重 146g，蛋壳为白色。

（3）浙东白鹅。原产于浙江东部的象山、定海、奉化等县。具有生长快、肉质好的特点。体型中等，呈长方形，全身羽毛白色，少数个体在头部背侧部夹杂少量斑点灰褐色羽毛。额上方肉瘤高突。无咽袋，喙、胫、蹼幼年时为橘黄色，成年后变为橘红色。成年公鹅体型高大雄伟，肉瘤高突，耸立头顶，鸣声洪亮，好斗性强。成年母鹅肉瘤较低，性情温驯，鸣声低沉，腹部宽大下垂。成年公鹅体重 5.04kg，母鹅 3.99kg。放牧情况下 70 日龄体重 3.24kg。开产日龄 150d，有 4 个产蛋期，每期产蛋 8~12 枚，1 年可产 40 枚左右。平均蛋重 149.1g，蛋壳白色。

（4）皖西白鹅。原产于安徽省西部丘陵山区和河南固始县一带。该鹅具有生长快、觅食力强、耐粗饲，肉质好、羽绒品质优良等特点。前额有发达的肉瘤。体型中等，全身羽白色，喙和肉瘤呈橘黄色，胫、蹼橘红色。母鹅一般体躯稍圆，颈较细。公鹅肉瘤大而突出，颈粗长有力，呈弓形，体躯略长，胸部丰满。皖西白鹅只有少数个体领下有咽袋，少数个体头顶后部生有球形羽束，称为"顶心毛"。成年公鹅体重 6.5kg，母鹅体重 6.0kg。粗放饲养条件下，60 日龄达 3.0~3.5kg，90 日龄达 4.5kg。母鹅开产日龄 180d，年产 2 期蛋，抱 2 次窝。年产蛋 25 枚左右，平均蛋重 142g，蛋壳白色。产绒性能好，羽绒洁白，尤以绒毛的绒朵大而著名。平均每只鹅可产羽绒 349g，其中纯绒 40~50g。

（5）豁眼鹅。原产于山东莱阳地区，又称豁鹅、五龙鹅、疤拉眼鹅。体型轻小紧凑，全身羽毛洁白，头较小，颈细稍长，眼呈三角形，两眼上眼睑处均有明显的豁口，此为该品种独有的特征。喙、胫、蹼、肉瘤均为橘红色，爪为白色，眼睑淡黄色。公鹅体型较短，呈椭圆形。母鹅体型稍长，呈长方形。山东的豁眼鹅有咽袋，少数有较小腹褶，东北三省的豁眼鹅多有咽袋和较深的腹褶。成年公鹅平均体重 4.0~4.5kg，母鹅 3.50~4.0kg。90 日龄仔鹅体重 3~4kg。母鹅在 7 月龄开产，无就巢性。放牧条件下，年产蛋 120~180 枚，蛋重 120~140g，蛋壳为白色。

二、引进品种

（1）朗德鹅。原产于法国西南部的朗德省。是世界著名的肥肝专用品种。毛色灰褐，在颈、背都接近黑色，在胸部毛色较浅，呈银灰色，到腹下部则呈白色。也有部分白羽个体或灰白杂色个体。体型中等大，胸深背宽，腹部下垂，头部肉瘤不明显，喙尖而短，颌下有咽袋，喙橘黄色，胫、蹼肉色。成年公鹅体重 7~8kg，成年母鹅 6~7kg。8 周龄仔鹅活重可达 4.5kg 左右。母鹅 6 月龄左右性成熟，年产蛋量 35~40 枚，平均蛋重 180~200g。种蛋受精率不高，仅 65% 左右，母鹅有就巢性，但较弱。肉用仔鹅经填肥后，活重达到 10~11kg，肥肝重达 700~800g。

（2）莱茵鹅。原产于德国莱茵州，是欧洲各个鹅种中产蛋量较高的品种，现广泛分布于欧洲各国。莱茵鹅适应性强，食性广，体型中等，喙、胫、蹼呈橘黄色，头上无肉瘤，颈粗短。初生雏背面羽毛为灰白色，随生长周龄增长而逐渐变化，至 6 周龄时变为白色。成年公鹅体重 5~6kg，母鹅 4.5~5kg，母鹅开产日龄 210~240d，年产蛋 50~60 枚，蛋重 150~190g。仔鹅 8 周龄体重可达 4~4.5kg，料肉比（2.5~3.0）：1。适合大群舍饲，是理想的肉用鹅种。产肥肝性能较差，平均肝重只有 276g。作为母本与郎德鹅杂交，杂交后代产肥肝性能好。

第三节　雏鹅养殖技术

雏鹅是指 0~4 周龄的鹅。雏鹅饲养管理的好坏直接关系雏鹅生长发育和成活率，继而影响育成鹅生长和种鹅的生产性能。

一、保温

雏鹅保温是管理的重点。适宜的环境温度可促进初生雏鹅的生长发育和提高成活率。育雏所需温度，可按日龄、季节及雏鹅的体质情况进行调整。注意观察雏鹅对温度的反应。温度适宜时，雏鹅无扎堆现象，安静无声，睡眠时间长；温度过低，雏鹅聚集扎堆，互相挤压，发出尖叫声；温度过高，雏鹅向四周散开，远离热源，张口呼吸、大量饮水，有口渴现象。保温期的长短，因品种、气温、日龄和雏鹅的强弱而异，一般需保温2~3周，北方或冬春季保温期稍长，南方或夏秋季节可适当缩短保温期。脱温应注意天气变化情况，做到逐渐脱温。

育雏保温的方法有两种：一种是自温育雏。气温较高或养鹅数量较少时可采用。用箩筐、木箱、纸箱作育雏用具。在箱底部铺上垫草，箱上用小棉罩遮盖，将雏鹅放在箩筐内利用自身产生的热量来保持育雏温度。或者在地面用50cm高的围栏围成直径为1m左右的小栏，栏内铺设垫料进行自温育雏，每栏20~30只雏鹅。温度可通过增减覆盖物，增减垫草厚度或雏鹅数量等来调节。自温育雏要求舍内温度保持在15℃以上，如果低于15℃，可以在箩筐或围栏中放装有热水的玻璃瓶，可以提高育雏温度和育雏效果。另一种是给温育雏，适合于气温较低或规模化养鹅生产。利用育雏室和供温育雏器进行保温，通过人工加温来达到育雏的温度。这种方法不分季节，不论外界温度的高低均可育雏。给温育雏可采用伞形育雏器、烟道、煤炉、红外线灯等供温形式。这种方式育雏费用高，但育雏效果好，育雏数量大，劳动效率高。

二、防潮湿

鹅虽然是水禽，但怕圈舍潮湿，30日龄以内的雏鹅更怕潮湿。潮湿会影响雏鹅的生长，引起疾病的发生。育雏鹅舍内适宜的相对湿度为60%~70%。育雏时应注意室内的通风换气，舍内垫料应经常更换，换水或加水时要防止让水外溢，保持垫料干燥。

三、分群与防堆

雏鹅怕冷，休息时喜欢相互挤在一起，严重时可能堆积 3 或 4 层，易发生压伤、压死现象。饲养过程中要注意检查，尤其是夜间和气温低时，要及时赶堆分散，并尽快将温度升到适宜的范围。同时要随雏鹅日龄增长，及时合理分群，降低饲养密度来防止挤堆。分群时按个体大小、体质强弱进行，刚开始时每群 300~400 只为宜。第一次分群在 10 日龄进行，每群数量 150~180 只；第二次分群在 20 日龄进行，每群数量 80~100 只。

四、放牧和放水

雏鹅适时放牧、放水，可促进其新陈代谢，增强体质，提高抗病力和对外界环境的适应性。初次放牧和放水的时间可根据气温和雏鹅体质而定。气温适宜时，一般 1 周龄后可开始放牧，气温低时可延迟到 2 周龄后进行。开始放牧时，选择晴朗无风的中午，喂料后将雏鹅缓慢赶到附近平坦的草地上，让其自由采食嫩青草，放牧 20~30min。然后将雏鹅赶到清洁的浅水池塘中让其自由下水，切忌强迫赶入水中。初次放水约 10min，即驱赶上岸理毛、休息，待羽毛干后赶回鹅舍休息。放牧放水的时间随雏鹅日龄的增加而逐渐延长，距离也由近到远，逐渐过渡到以放牧为主。要注意放牧时避开寒冷的大风天和阴雨天。

五、卫生防疫

加强鹅舍卫生和环境消毒工作。保持饲料新鲜卫生、饮水清洁。经常打扫、清除粪便，勤换勤晒垫料，保持垫料地面干燥，用具要经常清洗与消毒，鹅舍内外环境要定期消毒。按时进行雏鹅的免疫接种和做好疾病预防，生产中雏鹅易发生的疾病有小鹅瘟、禽出败、鹅球虫病等。

第四节 种鹅养殖技术

一、幼雏期饲养

雏鹅指的是从出壳后到 3 周龄的鹅，饲养雏鹅主要是保温防湿以及开食，在育雏是要保证温度在 28~30℃，湿度在 55%~60%，以后每周可下降 1~2℃，直至脱温。开食时要注意饲料的适口性和可消化性，鹅的肠胃功能较发达，对于青草和粗饲料的消化较强，还喜欢游泳，所以饲养一般是以放牧为主、粗饲料为辅的饲养模式。但是在育雏期，尽量不进行放水洗浴，在 1 周龄后可放入浅水中洗浴和放牧。

二、育成期饲养

从第 4 周龄开始就是育成期了，这时是鹅生长快速的时期，鹅这时是先长骨骼再长肉，同时也是换羽的时候。所以这时的饲料营养一定要充足，供应其生长所需，饲喂时一般粗精饲结合，在饲养时出现鹅粪粗大而松散，说明饲料搭配得当，而如果出现细小而坚实，则证明精饲较多，要进行调整。夏秋季节不能整天进行放牧，要每天补饲 2~3 次，在此期间要注意疾病的防控，及时接种疫苗。

三、产蛋期饲养

为了提高受精率，除了保持营养供应外，还要对其进行分组饲养，按公母 1：4 比例进行饲养，提高受精率。母鹅一般是在早晨产蛋，所以放牧时要注意时间，要等母鹅产蛋后再进行放牧，放牧时还在窝中产蛋的母鹅也不要强行撵出放牧。放牧时回窝产蛋的母鹅也不要阻拦。在窝中要铺垫柔软的稻草，引诱母鹅集体产蛋，以免出现外出产蛋，或者蛋出现破损污染的现象。产蛋期的母鹅以舍饲为主、放牧为辅，不要对其进行驱赶和惊吓，以免受惊造成种蛋破裂，或者引发疾病。产蛋期要人工补充光照，使每天光照时长到13h以上，可增加产蛋量。

四、休产期饲养

一般种鹅的产蛋期为半年，产蛋期后就是休产期，这时母鹅的体力和营养消耗极大，羽毛也是杂乱不堪，所以这时就要采取人工强制换羽措施，使种鹅快速恢复过来。强制换羽首先要做的就是拔羽，在拔羽后会出现摇晃走路，愿站不愿睡，不愿进食的现象，这些都是正常现象。拔羽要分批进行，不宜1次全拔光，还要注意圈舍的环境卫生，保持圈舍的干燥清洁、温暖，加强通风，每天喂食高蛋白的精饲，让其新羽快速长出。

第五节　仔鹅养殖技术

饲养90日龄左右作为商品肉鹅出售的鹅称为肉用仔鹅。

一、仔鹅放牧饲养

（1）放牧地的选择。放牧地应选择有丰富的牧草、草质优良，并靠近水源的地方，我国农村的荒山草坡、林地、果园、田埂、沟渠、池塘、滩涂等都是良好的放牧场地。开始放牧时应选择牧草较嫩、离鹅舍较近的放牧地，随日龄增加，可逐渐远离鹅舍。应对放牧地实行合理利用，要有计划地轮换放牧，可将选择好的牧地分成若干小区，每隔15~20d轮换1次，以便有足够的青饲料。如果放牧地被农药、化学物质等污染，则不要进行放牧。

（2）鹅群的调教。应根据放牧地大小、青饲料生长情况、草质、水源情况、鹅的体质等确定鹅群的大小，一般300~500只为宜。在鹅的放牧初期，应根据鹅的行为习性，调教鹅的出牧、归牧、下水、休息等行为，固定相应的信号，使鹅群建立条件反射，养成良好的生活规律，便于放牧管理。鹅群较大时

应培养和调教"头鹅",利用"头鹅"可收到更好的放牧效果。头鹅应选择胆大、机灵、健康的老龄公鹅。

（3）放牧方法。鹅群放牧的总原则是早出晚归。放牧初期，每天上、下午各放牧1次，中午赶回圈舍休息。气温高时，上午要早出早归，下午应晚出晚归。随着仔鹅日龄的增长和放牧采食能力的增强，可全天放牧，中午不赶回鹅舍，可在阴凉处就地休息。鹅群在放牧时有一定的规律，表现为采食—饮水—休息—采食的规律，一般采食八成饱时即蹲下休息，此时应及时将鹅赶到清洁水源处饮水和戏水，然后上岸休息和梳理羽毛；1h左右，鹅群又出现采食积极性时再继续放牧，这种有节奏的放牧，可保证鹅群吃得饱，长得快。

二、仔鹅补饲

放牧期间，肉用仔鹅食欲旺盛，增重快，需要的营养较多，除放牧为主外，应补饲一定量的精料。补饲精料应用全价配合高能高蛋白饲料。每天补喂的饲料量及饲喂次数主要根据品种类型、日龄、牧地情况和放牧情况而定。50日龄以下每天补喂100~150g，每天喂3~4次；50日龄以后250~300g，每天喂1~2次。补饲时间最好在放牧前和归牧后进行。

三、仔鹅育肥

肉仔鹅上市前2~3周都要加强饲养，喂给高能高蛋白配合饲料，以达到快速育肥和增重的目的。肉仔鹅育肥方法有放牧育肥、舍饲育肥和填饲育肥3种方法。

（1）放牧育肥。放牧育肥对放牧地要求较高，要求放牧地草源丰富、草质良好。稻麦产区利用稻田、麦田收获后遗落的谷粒进行放牧，适当补饲，一般育肥2~3周。采用此法可节省饲料，成本低，但必须充分掌握农作物的收割季节，计划育雏。

（2）舍饲育肥。采用专用鹅舍，仔鹅60~70日龄时全部人工喂料，饲料以全价配合饲料为主，适当补饲青绿饲料。青饲

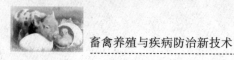
料和精饲料比例为 3∶1，先喂青料再喂精料，后期减少青料量，而且先精后青，促进仔鹅增膘。舍饲一般采用自由采食，每天喂料 3~4 次，夜间补饲 1 次。最好能选择有水塘的地方建造既有水面又有运动场的鹅舍，鹅只每次喂饲后下水活动片刻，然后令其安静休息以促进消化和育肥。每平方米饲养 4~6 只。舍饲育肥仔鹅增重快，可提前上市，生产效率高，适合于人工种草养鹅；在一些天然放牧条件较差的地方和季节及规模化、集约化的养鹅生产也多采用。

（3）填饲育肥。又称强制育肥，分人工填饲和机器填饲。将全价配合饲料制成填食料，强制填食，这种方法主要用于生产鹅肥肝。

第七章　畜禽防疫技术

第一节　隔离与消毒

一、隔离

养殖场须建立隔离观察舍。隔离观察舍大小要满足养殖规模和引进畜禽需要。

隔离观察舍在每次使用前后，均应彻底清洗、消毒，并空置1~2周。

对患病畜禽应及时送隔离观察舍，进行隔离诊治或处理，并严格消毒，防止连续感染和交叉感染。

凡引入畜禽均应按规定进行隔离观察。隔离观察期间，要密切观察畜禽体态、特征和生理指标是否正常，检查重大动物疫病免疫抗体是否合格。抗体不合格的要实施重大动物疫病强化免疫；发现异常，要立即采取规范的诊疗措施。隔离期满，并经检测合格的动物，方可销售或混群饲养。

畜禽隔离观察期间，若发现有疑似重大动物疫情，应立即向乡镇动物防疫站报告，并采取隔离、消毒、控制移动等紧急措施。

按规定做好本场畜禽隔离观察记录。

二、消毒

（一）进畜之前消毒

购买畜禽前1周，对圈舍及其周边进行1次彻底消毒，杀灭所有病源微生物。

（二）养畜期间定期消毒

病源微生物的繁殖能力很强，无论养禽还是养畜，都要对畜禽圈舍及其周围环境进行定期消毒。规模养殖场一般都有严格的消毒制度和措施，而普通农户养殖数量较少，一般每月消毒1~2次。

（三）出栏后消毒

畜禽出栏后，其圈舍内外病源微生物较多，必须来1次彻底清洗和消毒。消毒畜禽圈舍的地面、墙壁及其周边，所有的粪便要集中成堆，让其发酵，所有养殖工具要清洗和药物消毒。

（四）高温季节加强消毒

夏季气温高，病原微生物极易繁殖，是畜禽疾病的高发季节。因此，必须加大消毒强度，选用广谱高效消毒药物，增加消毒频率，一般每周消毒不得少于1次。

（五）发生疫情紧急消毒

如果畜禽发生疫病，往往引起传染，应立即隔离治疗，同时迅速清理所有饲料、饮水和粪便，并实施紧急消毒，必要时还要对饲料和饮水进行消毒。当附近有畜禽发生传染病时，还要加强免疫和消毒工作。

第二节　免疫接种

一、紧急预防接种的使用对象及原则

紧急免疫接种是当发生传染病流行时，为了迅速控制和扑灭疫病，对疫区和受威胁区尚未发病的畜禽进行的应急性免疫接种。紧急免疫接种应根据动物疫病种类和当地疫病流行情况制定紧急免疫接种计划，选择免疫血清或疫苗，确定免疫动物、免疫剂量、途径、时间等。

二、动物免疫失败的原因

免疫反应是一个复杂的生物学过程，免疫效果受多种因素的影响，如疫苗的质量、环境因素、母源抗体水平、免疫抑制性疾病、营养因素、免疫方法及应激因素等均可能与免疫失败有关。

（一）疫苗使用不当

疫苗使用不当是常见的影响免疫效果的因素，主要包括疫苗稀释不当、免疫操作不当、免疫程序不合理等。

1. 免疫程序不合理

如接种时间和次数的安排不恰当，不同疫苗之间相互干扰。如经气雾、滴鼻、点眼或饮水进行鸡新城疫免疫后，在 7d 内以同样方法接种鸡传染性支气管炎疫苗时，其免疫效果受影响；如接种鸡传染性支气管炎疫苗后 2 周内接种鸡新城疫疫苗，其效果不好；鸡传染性喉气管炎弱毒疫苗接种前后 1 周内接种鸡传染性支气管炎疫苗或鸡新城疫、传染性支气管炎联苗时，鸡传染性喉气管炎免疫效果降低等。

2. 疫苗稀释不当

没有按规定使用指定稀释液配制。饮水免疫时没有加脱脂乳，饮水免疫中使用了含氯的自来水，使用了金属饮水器或饮水器中有残留的消毒药。气雾免疫中没按规定量使用疫苗，疫苗稀释中没按规定使用无离子水或蒸馏水等。

3. 在使用活疫苗免疫前后 7d 内使用抗菌药物

在使用活疫苗免疫前后 7d 内使用抗菌药物，影响免疫效果。

4. 操作不当

如饮水免疫时，饮水器数量过少，畜禽饮水不均匀；饮水免疫前断水，因而免疫畜禽饮水时间太长，造成疫苗效力下降；

实施气雾免疫时未调试好喷雾器，造成雾滴过大或过小等；注射免疫时，注射器定量控制失灵；针头过短、过粗，拔出针头后，疫苗从针孔溢出；有时打"飞针"注射不确实。肌内注射鸡马立克氏病疫苗时，1h 内没有注射完疫苗，此刻疫苗中的病毒量减少。滴鼻或点眼免疫时，放鸡过快，药液未完全吸入。

（二）疫苗的质量问题

疫苗的质量好坏直接影响免疫效果。影响疫苗质量的因素，一是生产厂家生产的疫苗质量差，如效价或蚀斑量不够，油乳剂灭活疫苗乳化程度不高，抗原均匀度不好；二是由于运输、保存不当，造成疫苗失效或效力减低；三是疫苗毒株的血清型与所预防的疫病病原的血清型不一致，不能达到预防目的，如禽流感 H9 疫苗不能预防禽流感 H5 引起的禽流感。

第三节　废弃物的处理

一、畜禽养殖废弃物的主要来源

畜禽规模化养殖场废物主要有粪便、尿液、冲洗猪栏的污水、饮用水泄漏和冷却水等废水，动物的尸体及相关动物产品和动物的疫苗废弃物三种。

二、粪便的处理与资源化利用

畜禽粪便是一种很好的有机肥，施用于土壤后能形成稳定的腐殖质。粪便能够改善土壤物理性质，提升土壤的肥力。到现在为止，规模化的畜禽养殖场粪便的处理能够采用干清粪便固液分离和水洗粪便的方法。绝大多数畜禽养殖场采用干清法收集粪便，少数猪场采用水洗法清理粪便。因为水洗粪便的耗水量较大，对环境造成了很大的压力，干式排便技术在我国得到了推广。在规模化的畜禽养殖场中，利用干清粪这种方法能够将粪便通过生物、物理和化学这 3 种模式实行无害化处理和

资源化利用。

（一）物理处理与利用

将粪便放在太阳光下，让粪便的水分蒸发到一定水准再用袋子收集起来，利用自然干燥的方法来处理，这种方法比较适合小型的畜禽养殖场；还能够通过高温空气使粪便迅速干燥，不但干燥时间较短，而且容易控制粪便的含水量。因为需要一定的设备投资和配套工艺技术，所以这方法比较适合大型畜禽养殖场。

（二）生物处理与利用

粪便堆肥是要在人为的作用下，通过控制堆肥场的湿度、温度和碳氮比等条件，利用自然界的菌种发酵，生成大量作为植物化肥的氮、磷等化合物，经过一些生物学反应，不但能够杀灭病原微生物，还能变废为宝，确保了食品生产安全。这种方法操作简单，价格费用低，污染小。

（三）有机肥加工与利用

规模化畜禽养殖场能够建立有机肥加工厂，将粪便加工成有机肥，利用微生物技术和生物工艺，利用自然界的微生物，通过发生化学反应，使粪便中的有机物质提取出来变成有机肥料，最后经过加工合成有机化肥。利用这种方法不但能够减少粪便对环境的污染，还能够增加土壤的肥沃水准，改善作物的品质，也保护当地的生态环境。近几年，有机肥的加工推广比较广泛，更多规模化的养殖场也加入到有机肥加工中来，有机肥产业进入重要的发展时期，对有机肥厂建设和有机肥加工技术的需求也越来越大。

三、污水处理与资源化利用

养殖场的污水主要来自冲洗猪舍的污水，如果不经过任何处理，直接排放的话不但会使附近的空气污染，造成整个生活区变臭，气味四散极其难闻，还会使地下水造成污染。养殖场污水处理主要有两种方法，分别为物理处理和生物学处理。

（一）物理处理模式

规模化的畜禽养殖场的粪便能够利用固液分离器的重力作用让粪便渣沉淀下来，除去水中的固形物及悬浮物等。养殖场建设污水沉淀池，在每个猪舍的污水出口设置一个小型污水池，经过初级沉淀后，进入最后的沉淀池。沉淀池是链式的，每个沉淀池中的水以低增量进入。每个沉淀池的大小为 $20m^3$，采用防止渗漏的水泥混凝土结构。经过 3 级沉淀后，废渣会被清理干净。

（二）生物学处理模式

通过沼气池的建设，购置沼气灯及沼气加热器等设备。畜禽粪污经沼气池发酵后产生的沼气、沼液、沼渣能够实行再利用，不但能对污水实行无害化处理，还实现了沼渣和沼液的多级循环利用。

四、病死畜禽尸体处理与资源化利用

重大畜禽疾病的发生常给养殖者造成巨大损失，导致这种情况的因素有很多。主要原因之一是动物尸体无害化处理不到位。所以，对动物尸体的无害化处理成为动物防疫监督的重要组成部分。动物和家禽的无害化处理有 3 种常用的方法：焚烧炉焚烧、深埋和压制法。

（一）焚烧炉焚烧法

焚烧方法是将牲畜和家禽的尸体堆放在焚化炉中，动物尸体及其产品可在一定时间内充分燃烧和碳化，所产生的炉渣通过除渣器排出。焚烧炉燃烧法能够彻底处理动物尸体及其产品，病原体完全死亡，减少废物效果明显，最大限度地减少新污染物的产生，无害化处理效果好。焚烧地址应远离住宅区、居民区、公共场所，并应处于这些建筑的下风向处。焚烧炉需要有空气净化装置，要安装炉盖与废气导管，并在废气排出口安装简易的喷淋装置，以作净化废气，避免燃烧产生的废气造成二次污染。

（二）深埋法

按照相关法律法规的规定，必须将动物尸体及其相关动物产品实行无害化处理，能够采用把动物尸体及其产品置入化尸窖或掩埋坑中并覆盖、消毒的方法。

（三）压制法

压制法是指在密闭的高压容器内，通过向容器夹层或容器通入高温饱和蒸汽，在干热、压力或、高温、压力的作用下，处理动物尸体及相关动物产品的方法。

第四节　安全用药

一、药物的配伍禁忌

凡是两种或两种以上的药物配伍时，各药物之间由于相互作用或通过机体代谢与生理机能的影响，而造成使用不便、减低或丧失疗效甚至增加毒性的变化，称为配伍禁忌。兽医在开写处方和使用药物时应当注意这个问题；药剂人员在发药时，也要认真审核处方，以免发生医疗事故。配伍禁忌可分为物理性配伍禁忌、化学性配伍禁忌和药理性配伍禁忌。

（一）化学性配伍禁忌

某些药物配伍时会发生化学变化，导致药物作用变化，使疗效减小或丧失，甚至产生毒性物质。化学变化一般呈沉淀、变色、产气、燃烧或爆炸等现象，但也有一些化学变化难以从外观看出来，如水解等。化学变化不但改变了药物的性状，更重要的是使药物失效或增加毒性，甚至引起燃烧或爆炸等危险。常见的化学配伍禁忌有如下几种现象。

（1）发生沉淀。2种或2种以上的液体配合在一起时，各成分之间发生化学变化，生成沉淀。例如，葡萄糖酸钙与碳酸盐、水杨酸盐、苯甲酸钠、乙醇配伍，安钠咖与氯化钙、酸类、碱类药物配伍时，就会发生沉淀等。

（2）产生气体。在配制过程中或配制后放出气体，产生的气体可冲开瓶塞，使药物喷出，药效改变，甚至容器爆炸等现象。例如，碳酸氢钠与酸类、酸性盐类配合时，就会发生中和、产生气体等。

（3）变色。变色是由于药物间发生化学变化，或受光、空气影响而引起。变色可影响药效，甚至使药物完全失效。易引起变色的有亚硝酸盐类、碱类和高铁盐类，例如碘及其制剂与鞣酸配合会发生脱色，与含淀粉类药物配合则呈蓝色。

（4）燃烧或爆炸。燃烧或爆炸多由强氧化剂与还原剂配合所引起。例如，高锰酸钾与甘油、糖与氧化剂、甘油和硝酸混合或一起研磨时，均易发生不同程度的燃烧或爆炸。

（1）强氧化剂。有高锰酸钾、过氧化氢、漂白粉、氯化钾、浓硫酸、浓硝酸等。

（2）还原剂。有各种有机物质、活性炭、硫化物、碘化物、磷、甘油、蔗糖等。

（二）物理性配伍禁忌

某些药物配伍时，由于物理性状的改变而引起药物调配和临床应用困难、疗效降低称为物理性配伍禁忌。物理性状的改变常表现为分离、析出、潮解、液化。

（三）药理性配伍禁忌

指两种以上药物配伍时，药理作用互相抵消或毒性增强。

在一般情况下，用药时应避免配伍禁忌。但在个别的特殊情况下，有时可依配伍禁忌作为药物中毒后的解毒原理。例如，在生物碱内服中毒时，服用鞣酸等进行解毒；又如，将水合氯醛与咖啡因配合应用来减少水合氯醛对延脑和心脏的副作用。

二、气管、胸腔注射投药的部位和方法

（一）胸腔注射法

（1）部位。对于猪，左侧在第 6 肋间，右侧在第 5 肋间；对于牛、羊，左侧在第 6 或第 7 肋间，右侧在第 5 或第 6 侧肋间；对于马、骡，左侧在第 7 或第 8 肋间，右侧在第 5 或第 6 肋间；对于犬，左侧在第 7 肋间，右侧在第 6 肋间。注射一律选择于胸外静脉上方 2cm 处。

（2）方法。将动物站立保定，术部剪毛、消毒。术者左手将术部皮肤稍向前方拉动 1～2cm，以便使刺入胸膜腔的针孔与皮肤上的针孔错开，右手持连接针头的注射器，在靠近肋骨前缘处垂直于皮肤刺入（深度 3～5cm）。针头通过肋间肌时有一定阻力，进入胸膜腔时阻力消失，有空虚感。注入药液（或吸取胸腔积液）后，拔出针头，使局部皮肤复位，术部消毒。

（二）气管注射法

（1）部位。颈部上段腹侧面的正中，可明显触到气管，在两气管环之间进针。

（2）方法。猪、羊采取仰卧保定，牛、马采取站立保定，使其前驱稍高于后驱。术部剪毛、消毒后，术者左手触摸气管并找准两气管环的间隙，右手持连有针头的注射器，垂直刺入气管内，然后缓慢注入药液。如果操作中动物咳嗽，则要停止注射，直至其平静后再继续注入。注完拔出针头，术部消毒即可。

第五节　驱　虫

一、皮屑溶解法检查螨虫

（一）病料的采取

螨类主要寄生于家畜的体表或表皮内，因此在诊断螨病时，

必须刮取患部的皮屑，经处理后在显微镜下检查有无虫体和虫卵，这样才能做出准确的诊断。刮取皮屑，应在患病皮肤与健康皮肤的交界处进行刮取，因为这里螨虫最多。刮取时先将患部剪毛，用碘酊消毒，将凸刃外科刀在酒精灯上消毒，然后在刀刃上蘸一些水、煤油、5%氢氧化钠溶液、50%甘油生理盐水等，用手握刀，使刀刃与皮肤表面垂直，尽力刮取皮屑，一直刮到有轻微出血。将刮取物盛于平皿或试管内供镜检。切不可轻轻地刮取一些皮肤污垢供检查，这样往往检不到虫体而造成误诊。

对蠕形螨的病料采取，要用力挤压病变部，挤出病变内的脓液，然后将脓液摊于载玻片上供检查。

（二）皮屑的检查法

为了确诊螨病而检查患部的皮屑刮取物，一般有两种检查法，即死虫检查法和活虫检查法。死虫检查只能找到死的蛾类，这在初步确立诊断时有一定的意义；活虫检查可以发现有生活能力的螨类，可以确定诊断和检查用药后的治疗结果。

1. 皮屑内活虫检查法

（1）直接检查法。在刮取皮屑时，刀刃蘸上50%甘油生理盐水溶液或液体石蜡或清水，用力刮取，将粘在刀刃上的带有血液的皮屑物直接涂擦在载玻片上，置显微镜下检查。如果是螨病，可看到有活的螨类虫体在活动。

（2）温水检查法。将患部刮取物浸于 40~45℃ 的温水内，置恒温箱内（40℃）20~30 min。然后倒于玻璃表面上，在显微镜下观察。由于温热的作用，虫体即由皮屑的痂皮中爬出来，集合成团并沉于水底，很易看到大量活动的螨虫。

（3）油镜检查法。本法主要用于螨病治疗后的效果检查，察看用药后虫体是否被杀死。主要是用油镜检查螨内淋巴液有无流动的情况。检查时，将少许新鲜刮取的皮屑置于载玻片中央，滴加 1~2 滴 10%~15% 的苛性钾（钠）溶液，不加热直接加上盖玻片并轻轻地按压，使检料在盖玻片下均匀地扩散成薄层。用低倍镜检查虫体后，更换油镜检查。如果是活的虫体，能在前肢和后肢系基部以及更远的部位、虫体的边缘明显地看到淋巴包含体在相互沟通的腔内迅速地移动；如果是死的虫体，这些淋巴则完全不动。

2. 皮屑内死虫检查法

（1）煤油浸泡法。将少许刮取的皮屑物放在载玻片上，滴加几滴煤油（煤油有使皮屑迅速透明的作用），用另一片载玻片盖上，并捻压搓动两片载玻片，使病料散开、粉碎，然后用实体镜（或扩大镜）和显微镜低倍检查。

（2）沉淀检查法。将由病变部位刮下的皮屑物放在试管内，加10%的苛性钠（钾）溶液在酒精灯上加热煮沸数分钟或不煮沸而静置2 h（或离心沉淀5 min），经沉淀后，吸取沉渣，镜检。在沉淀物中往往可以找到成虫、若虫、幼虫或虫卵。

二、血液涂片法检查原虫

血液内的寄生性原虫主要有伊氏锥虫、梨形虫（焦虫）和住白细胞虫。检查血液内的原虫多在耳静脉或颈静脉采取血液，制作血液涂片标本，经染色，用显微镜检查血浆或细胞内有无虫体。同时，为了观察活虫也可用压滴标本检查法。

（一）鲜血压滴标本检查法

本法主要用于对伊氏锥虫活虫的检查，在压滴的标本内，可以很容易观察到虫体的活泼活动。将采出的血液滴在洁净的载玻片上少许，加上等量的生理盐水与血液混合，加上盖玻片，置于显微镜下低倍检查，发现有活动的虫体时，再换高倍镜检查。在气温低的情况下检查时，可在酒精灯上稍微加温或将载玻片放在手背上，经加温后可以保持虫体的活力。由于虫体未经染色，检查时如果使视野的光线成为弱光，则易于观察虫体。

（二）涂片染色标本检查法

本法是临床上最常用的血液原虫的病原检查法。采血多在耳尖，有时也可在颈静脉。将新鲜血滴少许于载玻片一端，以常规方法推成血片，干燥后，滴甲醇 2~3 滴于血膜上，待甲醇自然干燥固定后用姬姆萨氏液或瑞氏液染色，用油镜检查。涂片染色法适用于对各种血液原虫的检查。

（三）集虫检查法

当家畜血液内虫体较少时，用上述方法检查病原比较困难，甚至有时常能得出阴性结果，出现误诊。为此，临床上常用集虫法，将虫体浓集后再做相应的检查，以提高诊断的准确性。其方法是：在离心管内先加 2%柠檬酸钠生理盐水 3~4 mL，再采取被检动物血液 6~7mL，充分混合后，以 500r/min 离心 5 min，使其中大部分红细胞沉降；而后将红细胞上面的液体用吸管吸至另一离心管内，并在其中补加一些生理盐水，再以 2 500r/min全离心 10 min，即可得到沉淀物。用此沉淀物做涂片、染色、镜检，可以比较容易地找到虫体。

本法适用于对伊氏锥虫和梨形虫病的检查，其原理是：由于锥虫及感染有虫体的红细胞比正常红细胞的密度小，当第 1 次离心时，正常红细胞下降，而锥虫或感染有虫体的红细胞尚悬浮在血浆中；第 2 次较高速的离心则浓集于管底。

三、粪便涂片法检查球虫

这种方法用以检查蠕虫卵、原虫的包囊和滋养体。方法简便，连续做 3 次涂片，可提高检出率。

（一）球虫检查

（1）活滋养体检查。涂片应较薄，方法同粪便涂片方法。气温越接近体温，滋养体的活动越明显。必要时可用保温台保持温度。

（2）包囊的碘液染色检查。直接涂片，方法同粪便涂片方法，以 1 滴碘液代替生理盐水。如果碘液过多，可用吸水纸从盖片边缘吸去过多的液体。如果同时需要检查活滋养体，可用生理盐水涂匀地在粪便附近滴 1 滴碘液，取少许粪便在碘液中涂匀，再盖上盖片。涂片染色的一半查包囊，未染色的一半查活滋养体。

（3）碘液配方。碘化钾 4g，碘 2g，蒸馏水 100 mL。

（二）粪便涂片方法

滴 1 滴生理盐水于洁净的载玻片上，用棉签棍或牙签挑取绿豆大小的粪便块，在生理盐水中涂抹均匀。涂片的厚度以透过涂片约可辨认书上的字迹为宜。一般在低倍镜下检查，如用高倍镜观察，则需要加盖片。

四、驱虫药物的选择

好的驱虫药物应该具有以下特点。

（一）广谱

能驱杀各类寄生虫和对寄生虫的不同生长阶段都敏感。

（二）低毒

对宿主无毒副作用或毒副作用极低。

（三）高效

临床上使用少量的药物就有很好的驱杀效果。

（四）价廉驱虫成本低

（五）无"三致"作用

不产生致癌、致畸、致突变作用。

（六）使用方便

最好通过混饲给药，并能在生产的任何阶段使用。

（七）适口性好

通过拌料方式给药不影响动物的适口性和采食量。

第八章　畜禽疾病防治新技术

第一节　畜禽常见寄生虫病

一、猪寄生虫病

（一）华枝睾吸虫病

华枝睾吸虫病是由华枝睾吸虫（中华分枝睾吸虫）寄生在猪（人、犬、猫、鼬、貂、獾）等多种动物的肝脏胆囊及胆管内而引起的疾病，尤其对人的危害更大。

【诊断】流行病学调查，了解动物有无生食或半生食淡水鱼或虾；临床症状以消化道症状为主，触诊肝脏肿大，肝区疼痛；重症病例有腹水；如粪便检查可见虫卵即可确诊。

【防治】治疗药物有吡喹酮、海涛林、丙硫咪唑、丙酸哌嗪等。

【预防】对流行地区的猪、犬、猫等动物定期检查和驱虫；禁止用生的或未煮熟的鱼虾喂养动物；禁止在鱼塘边盖猪舍或厕所；防止猪、犬和猫等粪便污染水塘；可用饲养水禽等方法消灭第一中间宿主淡水螺。

（二）猪囊虫病

猪囊虫病是由寄生在人肠道内的猪带绦虫（有钩绦虫）的幼虫——猪囊尾蚴寄生于猪的全身肌肉内而引起的一种疾病。人、犬、猫和骆驼也能作为中间宿主，但人是唯一的终末宿主。本病属人畜共患病，农业部将其列入二类疫病之列，也是重要的猪肉卫检项目之一。

【诊断与防治】

（1）诊断。猪囊虫病的生前诊断比较困难，只有在严重感染的情况下，才能在舌肌、眼部检查到凸起的囊尾蚴。免疫学诊断，可采用皮内变态反应，或其他免疫学方法如间接血凝试验和 ELISA。目前 ELISA 是特异性、敏感性、实用性都比较不错的诊断方法。人感染猪囊虫时，症状较猪严重，寄生在脑可引起癫痫以至死亡。

（2）预防。流行区进行普查，对患病者进行驱虫以控制传染源；可用灭绦灵（氯硝柳胺）和丙硫苯咪唑治疗；严把检疫关，杜绝病猪肉上市；肉联厂的肉品检验，严格执行卫检规定；加强管理，严格做到人有厕，猪有圈，人厕与猪圈分开；粪便无害化处理后，再上田用作肥料，防止污染水源、草地和食物等；保护人和动物，宣传该病的危害和流行规律，使人们自觉改变饮食习惯、卫生条件和猪的饲养方式。

（三）蛔虫病

蛔虫病主要是幼年动物疾病，是畜禽常见多发病之一，流行分布极广，危害严重，与兽医相关的有猪蛔虫病、犊新蛔虫病、马副蛔虫病和鸡蛔虫病等。这里重点介绍猪蛔虫病。

猪蛔虫病是由猪蛔虫寄生于猪小肠内而引起的一种疾病。该病感染普遍，分布广泛，对养猪业危害极为严重，特别是在卫生环境不良和营养状况差的猪场感染率很高，一般都在 50%以上。该病主要是仔猪感染，患病仔猪生长发育不良，增重明显下降，重者发育停滞甚至死亡。该病是造成养猪业损失最大的寄生虫病之一。

【诊断与防治】

（1）诊断。根据流行病学和临床症状，特别是群发性咳嗽作如下检查：粪便中虫卵的检查，可用直接涂片法或盐水漂浮法检查虫卵，当 EPG>1 000 时诊断为患有蛔虫病；另外还可进行尸体剖检或直接用药物进行驱虫性诊断。

治疗药物有左咪唑、丙硫咪唑、哌嗪化合物、甲苯咪唑、伊维菌素和多拉菌素等。

（2）预防。预防性定期驱虫，每年保证 2 次全面驱虫。对 2~6 月龄的仔猪，在断奶后驱虫 1 次，以后每隔 1.5~2 个月再进行 1 次驱虫。怀孕母猪在其怀孕前和产仔前 1~2 周进行驱虫。保持饲料和饮水清洁，减少污染。保持猪舍和运动场的清洁，特别是产房和待产母猪更要清洁和消毒，减少虫卵污染。猪粪和垫草清除出圈之后，堆积发酵，杀死虫卵。给猪饲喂全价饲料，以增强免疫力。改变猪拱土和饮污水的习惯，以避免感染。引入猪只时，应先隔离饲养，进行 1~2 次驱虫后再归纳入群。

（四）旋毛虫病

猪旋毛虫生活史特殊，是典型的永久性寄生虫。该病属人畜共患病，被列为二类疫病，具有重要公共卫生意义，是猪肉产品的重要检疫项目。除了猪、人可以感染之外，犬、猫、鼠、狐狸、狼等都可以感染。

【诊断与防治】

（1）诊断。旋毛虫主要是人的疾病，临床症状分为肠型和肌型。肠型症状由肠旋毛虫引起，主要表现为肠炎症状。肌型症状由肌旋毛虫寄生于横纹肌引起，主要表现为全身肌肉疼痛，行走、咀嚼甚至呼吸困难，言语障碍，面部、四肢和腹部严重水肿，如不及时治疗可至死亡。即使症状恢复，但是患者也常常感到疲劳，肌肉疼痛达数月之久。

旋毛虫对猪和其他动物致病作用轻微，常常不显症状，所以对猪的检查非常重要。猪旋毛虫病生前诊断困难，通常在宰后检出。肉联厂检查方法为如下。

①肉眼观察：从膈肌角取小块肉样，剥去筋膜仔细观察。见细如针尖，露滴状，半透明小白点时初步判为阳性。如果是乳白、灰色或黄白色，则可能是钙化的缘故。

②压片镜检：从采来的肉样剪下 24 粒麦粒大小的肉块，制成压片镜检。

③肉样消化法：肉样剪碎或绞碎，加人工胃液消化离心沉淀后，检查沉淀物。

动物很少治疗，如治疗可用噻苯咪唑、甲苯咪唑、丙硫咪唑和伊维菌素等。人可用噻苯咪唑治疗，按 25~40 mg/kg 剂量，分 2~3 次口服，连续 5~7d 为 1 个疗程。

（2）预防。改变吃生肉的习惯；灭鼠和圈养猪；淘洗生肉的水、废肉残渣等副产品需加热煮沸后才能喂猪；严格把关肉联厂的卫生检验工作。

（五）棘头虫病

棘头虫病，是由棘头虫动物门原棘头虫纲的寄生虫所引起的一类蠕虫病。分布广泛，为害严重，往往呈地方性流行。中国家畜棘头虫病的病原主要有：蛭形巨吻棘头虫，寄生于猪的小肠，以成年猪多见，有时也见于犬、猫和人；大多形棘头虫和小多形棘头虫，主要寄生于鸭，也寄生于鹅和多种野生水禽的小肠。

【诊断与防治】

（1）血常规注意嗜酸粒细胞计数。粪便隐血试验。当粪中排出虫体或呕出虫体可确诊，但大便常规查虫卵难以查见。

（2）可试用左咪唑和丙硫苯咪唑进行治疗。

（3）对粪便进行生物热处理；圈养猪，不可诱捕金龟子供猪食用。

（六）弓形虫病

弓形虫病又称弓形体病，是由刚地弓形虫所引起的人畜共患病。它广泛寄生在人和动物的有核细胞内。在人体多为隐性感染；发病者临床表现复杂，其症状和体征又缺乏特异性，易造成误诊，主要侵犯眼、脑、心、肝、淋巴结等。

【诊断与防治】

（1）猪感染后可呈隐性感染，也可呈散发或暴发性的急性感染，急性病例为高热稽留 7~10d，精神沉郁，食欲减退或废绝，但常饮水。体表淋巴结肿大，下腹部皮肤出现紫红斑，呼吸困难，后躯麻痹。部分病猪可有癫痫样痉挛等神经症状。牛、羊等感染后不出现症状，少数羊有中枢神经和呼吸系统症状。极少数牛高度兴奋或沉郁，发热，咳嗽，呼吸困难，头震颤。孕畜流产，死胎，胎儿畸形。

（2）圈舍保持清洁，定期消毒，以杀灭土壤和各种物体上的卵囊；防止猫及其排泄物污染畜舍、饲料和饮水等；控制和消灭老鼠；饲养员也要避免与猫接触；家畜流产的胎儿及其一切排泄物，包括流产现场均需严格处置；对可疑病尸亦应严格处理，防止污染环境；避免人体感染；肉食品要充分煮熟；

（3）发病初期可用磺胺类药物，若与抗菌增效剂合用则疗效更好。

二、禽寄生虫病

（一）球虫病

球虫病是一种对家禽肠道有损害的寄生虫病。球虫病在美国许多商业化家禽养殖者所惧怕的一种疾病。死亡损失在20%以上是很普遍的现象。

【诊断】鸡球虫病以柔嫩艾美耳球虫的致病力最强，寄生于盲肠，俗称盲肠球虫病。21~50日龄雏鸡多发。病初羽毛竖立、缩颈、呆立，以后由于肠上皮细胞的大量破坏和机体中毒，病情转重，出现共济失调，腹泻带血等症状，死亡率高，甚至全群覆没。兔球虫病以断乳后到12周龄幼兔最多见。

【防治】

球虫病以预防为主。对鸡球虫病常用作饲料添加剂的预防药物有氨丙啉、球痢灵和可爱丹等，抗生素类有莫能霉素、拉萨霉素和盐霉素等。每天给雏鸡吞服少量感染性卵囊，可使之获得免疫力。对兔球虫病可用磺胺类，如磺胺喹噁啉钠、复方磺胺二甲氧嘧啶和磺胺噻唑等进行防治。球虫病发病很突然，急性发病后只能采取注射的方法急救，需要有一定的专业知识才能操作。而人们不得不面对的问题是：现在只有少数大城市有专门针对兔子的门诊，且不说球虫病发作后能不能救回来，能找到愿意收诊的医生并进行急救就已经很难了。吃药虽然要坚持很长一段时间，但是比静脉注射的痛苦小。半岁以上的成年兔体内已有足够抗体，可不用再服用预防球虫病的药物。

（二）住白细胞原虫病

鸡住白细胞原虫病又称白冠病，是由住白细胞原虫引起的以出血和贫血为特征的寄生虫病，主要危害蛋鸡特别是产蛋期的鸡，导致产蛋量下降，软壳蛋增多，甚至死亡。各内脏严重出血，机体贫血，冠苍白。本病一般发生于秋季（8—10 月），往往在暴雨季节过后的 20 d 前后开始发生。住白细胞原虫病的传播媒介为库蠓、蚋，通过叮咬而传播。2019 年夏季天气炎热，雨水较多，给昆虫的生长繁殖提供了优良的环境。特别是在水中产卵的蚋及在松软、潮湿而又富于有机质的土内或池塘沼泽产卵的库蠓，在这样的气候条件下大量繁殖，因而由它们传播而引起的住白细胞原虫病呈上升趋势。

【诊断】鸡住白细胞原虫病的诊断需依据临床症状、病理变化、流行季节及病原检查等进行综合判定。住白细胞原虫病应与新城疫进行鉴别诊断：住白细胞原虫病患鸡胸肌出血，腺胃、直肠和泄殖腔黏膜出血，这与新城疫相似。但患住白细胞原虫病时，患鸡鸡冠苍白，整个腺胃、肾脏出血，肌肉和某些器官有灰白色小结节。而新城疫仅见腺胃乳头出血。

【防治】

预防措施：扑灭传播者——蠓、蚋。防止蠓、蚋等昆虫进入鸡舍；鸡舍门、窗应装上纱门、纱窗，网孔密度应多于 40 目/cm。由于纱网上易于沉积灰尘，应定期清扫，以免影响通风。喷药杀虫：在发病季节即蠓、蚋活动季节，应每隔 5 d，在鸡舍外用 0.01%溴氰菊酯或戊酸氰醚酯等杀虫剂喷洒，以减少昆虫的侵袭；对感染鸡群，应每天喷雾 1 次。在饲料中加乙胺嘧啶（0.00025%）或磺胺喹啉（0.005%）有预防作用，这些药物能抑制早期发育阶段的虫体，但对晚期形成的裂殖体或配子体无作用。

治疗措施：杀灭体内原虫。由于住白细胞原虫属于孢子虫纲、球虫目，一般对球虫有效的药物对其都较为敏感。可选择的药物包括复方磺胺喹f啉（含TMP，拌料为0.5 g/kg饲料）、复方磺胺二甲氧嘧啶（含TMP，拌料为0.5 g/kg饲料）、复方磺胺-5-甲氧嘧啶（含TMP，拌料为0.4 g/kg饲料）、复方磺胺-6-甲氧嘧啶（含TMP，拌料为0.4 g/kg饲料）、氯羟吡啶（拌料0.15g/kg饲料）、马杜拉霉素（拌料5 mg/kg饲料）、磺胺甲氧吡嗪（拌料0.3 g/kg饲料）。在选择上述药物时应注意以下几点：一是在产蛋期要考虑到对产蛋的影响，对蛋鸡、种鸡要限制使用。二是使用磺胺类药物时，由于在尿中易析出磺胺结晶，导致肾脏损伤，因此，应在饲料中添加小苏打，以减少磺胺类药物的结晶形成。三是增强治疗效果，可以选用不同种类的2种药物同时应用，如磺胺类药物和马杜拉霉素的混合使用。四是治疗时间一般为5~7d，以获得满意的治疗效果。

三、牛羊寄生虫病

（一）肝片吸虫病

肝片吸虫病是由肝片形吸虫寄生于牛、羊、鹿、骆驼等反刍动物的肝脏胆管中所引起的。猪、马属动物及一些野生动物亦可寄生。人亦有感染的报道。

【诊断】根据临床症状，流行病学资料，粪便检查发现虫卵和死后剖检发现虫体等进行综合判定。临床症状明显与否与感染数量多少相关，轻度感染往往不显症状。感染量多时，患畜体温升高，精神沉郁，食欲减退，离群落后。叩诊肝区半浊音界扩大，压痛敏感，腹水，重者在几天内死亡。对羊的急性型肝片吸虫病的诊断应以剖检为主（因为此时虫体未发育成熟，粪中无卵可查），把肝脏切碎，在水中挤压后淘洗，看可否找到大量童虫，以作出诊断。

粪便检查虫卵，可用水洗沉淀法或锦纶筛集卵法。虫卵个大，呈黄色，故易于识别。但如仅见少数虫卵而无症状出现时，只能视为"带虫现象"。

近年来使用免疫学诊断方法对急性病的早期诊断具有重要意义，如作眼、皮内变态反应，间接血凝、酶联免疫吸附实验（ELISA）等。

【防治】

（1）治疗。治疗肝片形吸虫病时，不仅要进行驱虫，而且应该注意对症治疗。治疗药物有硫双二氯酚（别丁）、丙硫咪唑（抗蠕敏）、硝氯酚（Bayer9015）、碘醚柳胺和三氯苯唑（肝蛭净）等。

（2）预防。应根据流行病学特点，采取综合防治措施。

①定期驱虫：驱虫的时间和次数可根据流行区的具体情况而定。在我国北方地区，每年应进行冬春两次驱虫。南方因终年放牧，每年可进行 3 次驱虫。急性病例可随时驱虫。在同一牧地放牧的动物最好同时都驱虫，尽量减少感染源。家畜的粪便，特别是驱虫后的粪便应堆积发酵产热而杀死虫卵。

②消灭中间宿主淡水螺：这是预防肝片吸虫病的重要措施。可结合农田水利建设、草场改良、填平无用的低洼水塘等措施，改变螺的孳生条件。如牧地面积不大，亦可饲养家鸭，以消灭中间宿主。

③加强饲养卫生管理，选择在高燥处放牧：动物的饮水最好采用自来水、深井水或流动的河水，并保持水源清洁，以防感染。从流行区运来的牧草须经干燥处理后，再饲喂舍饲的动物。

（二）前后盘吸虫病

前后盘吸虫病是由前后盘科的各属虫体寄生于牛、羊等反刍动物而引起的疾病。虫种数很多，主要有前后盘属、殖盘属、腹袋属、菲策属、卡妙属及平腹属等。虫体多数寄生于反刍兽瘤胃，也见单蹄兽、猪、犬或人的消化道中。前后盘类吸虫的分布遍及全国各地，南方的牛只几乎都有不同程度的感染。

【诊断与防治】急性病例主要根据临床症状和剖检获虫体进行确诊。急重症病例以犊牛常见，是因童虫的移行而引起。临床表现精神萎靡，顽固性下痢，粪便带血、恶臭，有时可见幼虫。

粪便检查可用水洗沉淀法或锦纶筛集卵法。镜检虫卵时应注意和肝片吸虫卵相区别，前后盘吸虫卵为淡灰色，虫卵的一端细胞多而拥挤，而另一端细胞较稀而留有空隙，虫卵的一端两侧不对称而变尖。防治参考肝片吸虫。

（三）血吸虫病

血吸虫病又叫日本分体（裂体）吸虫病，是由日本分体吸虫寄生于人和牛、羊、猪、犬、啮齿类及一些野生哺乳动物的门静脉系统的小血管内所引起的，是一种危害严重的人兽共患寄生虫病。本病广泛分布于我国长江流域 13 个省、自治区和直辖市，严重影响人的健康和畜牧业生产，属国家重点防治的二类疫病。

【诊断】在流行区，根据临床表现和流行病学资料分析可作出初步诊断，但确诊要靠病原学检查和免疫学诊断，如环卵沉淀试验、间接血球凝集试验和酶联免疫吸附试验等。

病原学检查最常用的方法是虫卵毛蚴孵化法和尼龙绢袋集卵法。这两种方法相比，孵化法检出率稍高，但它又不能替代沉淀法，最好两法结合进行。

剖检可见肝表面和切面有粟粒大至高粱粒大、灰白或灰黄色结节（虫卵结节）。结节还可见于肠壁、肠系膜、心、肾、脾等器官中；大肠尤其是直肠有小坏死灶、小溃疡瘢；在肠系膜血管及门静脉中可见虫体。

【防治】

（1）治疗。治疗药物有海涛林（三氯苯丙酰嗪）、六氯对二甲苯（血防 846）、吡喹酮和丙硫咪唑。

（2）预防。控制和消灭传染源，流行区进行普查，对患畜、病人以及带虫者及时治疗；粪便无害化处理，以杀死虫卵；防止人和家畜感染，注意饮水卫生，放牧避免接触疫水，建立安全放牧区；管好水源，严防人畜粪便污染；对有钉螺的地带可结合农田水利基本建设，采用土埋、水淹和水改旱、饲养水禽等办法灭螺。

（四）莫尼茨绦虫病

莫尼茨绦虫病是由扩展莫尼茨绦虫和贝氏莫尼茨绦虫寄生于牛、羊、骆驼等反刍动物小肠而引起的疾病。该病是反刍兽最主要的寄生蠕虫病之一，分布广泛，多呈地方性流行。该病主要危害羔羊和犊牛，影响幼畜生长发育，重者可致死亡。除了莫尼茨绦虫外，寄生于反刍兽的还有曲子宫绦虫和无卵黄腺绦虫，三者常混合寄生。因为后 2 种绦虫致病作用较轻，所以这里重点介绍莫尼茨绦虫病。

【诊断与防治】

（1）诊断。在患羊粪球表面有黄白色的孕节，形似煮熟的米粒。将孕节作涂片检查，可见大量灰白色、形状各异的特征性虫卵。用饱和盐水浮集法检查粪便时，也可发现虫卵。再结合临床症状和流行病学资料分析便可确诊。注意与羊鼻蝇蛆病和脑包虫病区分，因这几种病都有"转圈"的神经症状，可用粪检虫卵和观察羊鼻腔来区别。

治疗药物有硫双二氯酚、氯硝柳胺（灭绦灵）、丙硫咪唑、吡喹酮和甲苯咪唑等。

（2）预防。流行区从羔羊开始放牧算起，到第 30~35 天，进行成熟前驱虫，过 10~15d 再作 1 次驱虫；成年牛、羊可能是带虫者，也要驱虫；驱虫之后对粪便作无害化处理；驱虫后转移到清洁牧场放牧或与单蹄兽轮牧；消除或减少地螨污染程度，改造牧场，如深翻后改种三叶草，或农牧轮作；避免在低洼湿地放牧，避免在清晨、黄昏或雨天地蛾活跃时放牧，以减少感染机会。

（五）棘球蚴病

棘球蚴病又称包虫病，是细粒棘球绦虫的幼虫感染人体所致的疾病。该病为人畜共患病。狗为终宿主，羊、牛是中间宿主；人因误食虫卵成为中间宿主而患包虫病。

【诊断与防治】在屠宰牛羊时，加强对内脏器官的管理，不能随意丢弃。对患病动物的内脏及尸体应进行无害化处理，避免犬类食入。保持畜舍、牧草及饮水卫生，严防犬类粪便带来的污染。注重个人卫生消毒，接触家畜后应洗手或消毒，严防包虫病（棘球蚴病）带来的健康威胁。要携带各种驱虫药物，在注射疫苗的同时给家畜喂服或注射驱虫药物，确保牛羊春秋两次定期驱虫率达100%。

第二节　畜禽常见传染病

一、猪传染病

（一）猪瘟

【概念】猪瘟是由猪瘟病毒引起的猪的一种高度传染性和致死性传染病。猪瘟的临床表现复杂多样，典型猪瘟以高热稽留和各组织器官广泛出血、梗死和坏死为特征，发病率和病死率都很高。

猪瘟的危害极大。我国曾经有效地控制了猪瘟的流行，但20世纪80年代后，猪瘟在我国又有所抬头，其流行特点、临床症状和病理变化等都有所变化，应引起高度重视。

【诊断要点】

目前呈散发，流行较慢，主要表现为母猪繁殖障碍和仔猪死亡率较高。潜伏期一般为3~7d。

【防治措施】猪瘟兔化弱毒疫苗免疫接种是目前国内预防猪瘟的最重要措施，但要注意母源抗体可以影响免疫效果，且疫苗免疫对带毒猪多无明显保护作用。仔猪一般在 20、60 日龄各接种 1 次，在猪瘟多发地区可实行超前免疫，即仔猪出生后立即接种疫苗，1.5 h 后再哺以母乳。种猪在每次配种前免疫 1 次。

一旦发生猪瘟时应采取紧急扑灭措施，及时隔离病猪及可疑病猪，并根据具体情况予以急宰，或进行治疗。治疗猪瘟除早期应用抗猪瘟血清有一定疗效外，目前对本病尚无有效药物治疗。对同群未发病以及受威胁的猪，用猪瘟兔化弱毒疫苗 2~4 头份进行紧急接种。被污染的猪舍及用具均应彻底消毒，病、死猪尸体要高温处理或深埋。

（二）猪繁殖与呼吸综合征

【概念】猪繁殖与呼吸综合征（PRRS）是由病毒引起的猪的一种接触性传染病，主要危害繁殖母猪及其仔猪。临床上 PRRS 以母猪的繁殖障碍、哺乳仔猪死淘率增加和育成猪的呼吸道症状为主要特征。因部分病猪耳朵发紫，故俗称蓝耳病。

【诊断要点】

（1）流行特点。初产母猪发病率高于经产母猪，仔猪死淘率增加，混合感染增多。

（2）临床症状。感染猪的临床表现随其年龄、性别和生理状态不同而异。

①繁殖母猪：主要表现为厌食、发热、沉郁，有时出现呼吸道症状。妊娠母猪多数在妊娠后期发生流产，产死胎、弱仔、木乃伊胎，母猪产后少奶或无奶。

②仔猪：表现发热、厌食、腹泻、嗜睡，眼睑水肿，打喷嚏、呼吸困难等呼吸道症状，肌肉震颤、后肢麻痹与共济失调等神经症状，有的耳朵和躯体末端发绀。流产仔猪脐带有出血点，早产仔猪在几天内死亡，哺乳仔猪常由于继发感染而导致病情加重、死亡率增加。

③公猪：出现一过性食欲不振、发热，精液的数量和质量下降，精液带毒等症状。

（3）剖检变化。死产、弱仔和发病仔猪多有肺炎病变。患病哺乳仔猪，肺脏出现多灶性甚至弥漫性黄褐色肝变，此外，可见到脾脏肿大、淋巴结肿大、心包与腹腔积液等变化。

（4）血清学诊断。主要有 ELISA 与间接荧光抗体试验等。

【防治措施】本病目前主要采取综合防控措施及对症疗法。防止引入带毒猪，加强饲养管理和环境卫生消毒，流行地区可进行疫苗免疫接种来预防。弱毒苗常用于 3~18 周龄猪和未怀孕母猪，后备母猪可在配种前 2 个月首免，1 个月后二免；公猪和妊娠母猪只能接种灭活苗。

对发病猪群可用阿莫西林、土霉素、恩诺沙星等广谱抗生素来控制细菌继发感染，也可结合注射阿司匹林。给初生仔猪吃上足够初乳，补充葡萄糖盐水，加强护理等可降低其死亡率。

（三）猪细小病毒感染

【概念】猪细小病毒感染是由猪细小病毒引起的母猪繁殖机能障碍的一种传染病。该病特征是感染母猪，特别是初产母猪产出死胎、畸形胎、木乃伊胎及病弱仔猪，而母猪本身无明显症状。

【诊断要点】

（1）流行特点。母猪特别是初产母猪表现繁殖障碍，而母猪本身和其他猪群无明显变化。

（2）临床症状。主要表现为母猪的繁殖障碍，出现死胎、木乃伊胎、流产等不同症状。此外，还可引起产仔数减少、产弱胎，母猪延期分娩，母猪发情不正常，久配不孕等症状。

（3）血清学诊断。主要有血凝抑制试验、乳胶凝集试验等。

【防治措施】受威胁猪场，母猪在配种前 2 个月左右注射猪细小病毒灭活苗或弱毒苗可预防本病。严重污染猪场可采用自然感染的方法让后备母猪提前暴露获得主动免疫力后再配种使用。

（四）猪传染性胃肠炎

【概念】猪传染性胃肠炎是由病毒引起的猪的一种高度接触

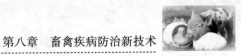

传染性肠道疾病，临床上以病猪呕吐、严重腹泻和脱水为特征，10 日龄内仔猪病死率很高。

【诊断要点】

（1）流行特点。多发于寒冷季节，不同年龄猪相继或同时发病，10 日龄内仔猪病死率高。

（2）临床症状。潜伏期为 1~4 d。仔猪突然发病，呕吐，剧烈腹泻，粪便呈黄绿色或灰白色，常杂有未消化的乳凝块。病猪极度口渴，明显脱水，体重迅速减轻。猪日龄越小，病程越短，病死率越高。10 日龄内仔猪病死率可达 100%。育成育肥猪和成年猪的症状较轻，极少死亡。

（3）剖检变化。主要病变在胃肠道。胃内容物呈黄色并充满白色乳凝块。整个小肠气性膨胀，内容物稀薄呈黄色，肠壁变薄呈透明状，肠系膜充血。部分病例胃肠黏膜充血、出血。

【防治措施】疫苗免疫接种是控制本病的有效方法，一般对妊娠母猪在临产前 45 d 和 15 d 通过肌肉和鼻内各接种猪传染性胃肠炎弱毒苗 1 mL。发病后可采取对症疗法来减轻脱水，纠正酸中毒和防止细菌继发感染，并为仔猪提供温暖干燥的环境、饮水和营养性流食，这样做能够有效减少死亡。

（五）猪流行性腹泻

【概念】猪流行性腹泻是由病毒引起的猪的一种急性肠道传染病，以病猪呕吐、腹泻和脱水为临床特征。

【诊断要点】本病与猪传染性胃肠炎在流行特点、临床症状和病理变化上相似，只是程度相对较轻，传播速度相对较慢，必须依靠实验室诊断如荧光抗体试验、中和试验和 ELISA 等才能区分开来。

【防治措施】对本病的防治措施可参照猪传染性胃肠炎的方法进行。接种疫苗是目前预防本病的可靠方法。

（六）仔猪大肠杆菌病

【概念】猪大肠杆菌病是由致病性大肠杆菌引起的猪的肠道

传染病。根据发病龄和病原菌血清型的差异，猪大肠杆菌病可分为仔猪黄痢、仔猪白痢和仔猪水肿病三种。仔猪黄痢是出生后几小时到1周龄仔猪的一种急性高度致死性肠道传染病，以剧烈腹泻，排出黄色或黄白色水样粪便以及迅速脱水死亡为特征。仔猪白痢是由大肠杆菌引起的10日龄左右仔猪发生的消化道传染病。

【诊断要点】病死仔猪常因严重脱水而显得干瘦异常，皮肤皱缩，肛门哆开，周围沾有黄色稀粪，最显著病变是胃肠道黏膜上皮的变性和坏死。胃部膨胀，内充满酸臭的凝乳块，胃底部黏膜潮红，部分病例有出血斑块，表面有多量黏液覆盖。小肠尤其是十二指肠膨胀，肠壁变薄，黏膜和浆膜充血，水肿，肠腔内充满腥臭的黄色和黄白色稀薄内容物，有时混有血液、凝乳块和气泡，空肠回肠病变较轻，但肠内鼓气明显，大肠壁变化轻微，肠腔内充满稀薄的内容物，肠系膜淋巴结肿大充血，切面多汁。心肝肾表现有不同程度的变性和常有小的凝固性坏死灶。脾淤血，脑充血或有小点状出血。诊断根据特征性病变和7日龄以内的初生仔猪大批发病，排泻黄色稀粪就可作出初步诊断，若从病死猪肠内容物中分离出致病性大肠杆菌，而且证实大多数菌株具有黏菌素K抗原，并能产生肠毒素，则可诊断。

【防治措施】

（1）加强饲养管理，改善母猪的饲料质量和配制，尽可能满足母猪的营养需求，同时使母猪乳房保持清洁干燥，注意消毒，接产时用0.1%的高锰酸钾擦拭乳头和乳房，并挤掉少许乳汁，并使仔猪尽快吃上初乳。

（2）治疗常用药物有氯霉素、呋喃唑酮、土霉素、新霉素、磺胺甲基嘧啶等，治疗是应全窝给药，由于细菌易产生耐药性，几种药物应交叉使用。

（七）猪丹毒

【概念】猪丹毒杆菌是一种革兰氏阳性菌，具有明显的形成长丝的倾向。本菌的耐酸性较强，猪胃内的酸度不能杀死它，

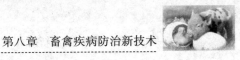

因此可经胃而进入肠道。

【诊断要点】

（1）急性型。以突然爆发、急性经过和高死亡率为特征，个别猪只不表现任何症状即突然死亡。

（2）亚急性型。其主要特征是皮肤疹块。病初食欲减退、精神不振、不愿走动，体温41℃以上，在胸、腹、背、肩及四肢外侧出现界线分明的大小不等的红色疹块，压之褪色，逐渐转成紫红色以后结痂似龟壳样，俗称"鬼打印"或"打火印"。

（3）慢性型。以慢性疣状心内膜炎及皮肤坏死与多发性非化脓性关节炎为主要特征，病猪食欲无明显变化、体温正常、全身衰弱、生长发育不良。

【防治措施】预防接种是防制本病最有效的方法。每年春秋或冬夏二季定期进行预防注射，仔猪免疫因可能受到母体抗原干扰，应于断奶后进行，以后每隔6个月免疫1次。常用的菌苗有：猪丹毒灭活菌苗；猪丹毒弱毒活菌苗；猪瘟、猪丹毒、猪肺疫三联活疫苗；猪丹毒、猪肺疫氢氧化铝二联灭活菌苗。

发病初期可皮下或耳静脉注射抗猪丹毒血清，效果较好。在发病后24~36h内用抗生素治疗也有显著疗效。首选药物为青霉素，对急性型最好首先按每千克体重2万IU青霉素静脉注射，同时肌注常规剂量的青霉素。每天肌注两次，直至体温和食欲恢复正常后24h，不宜停药过早，以防复发或转为慢性。链霉素按每千克体重50mg，每日2次，肌内注射疗效佳。恩诺沙星可按每千克体重2.5mg肌内注射。

平时应搞好猪圈和环境卫生，地面及饲养管理用具经常用热碱水或石灰乳等消毒剂消毒。猪粪、垫草集中堆肥。对发病猪群应及早确诊，及时隔离病猪。

二、家禽传染病

（一）新城疫

【概念】新城疫是由病毒引起的禽类的一种急性高度接触性

传染病，又称亚洲鸡瘟、伪鸡瘟，在我国俗称鸡瘟。在临床上，新城疫常呈败血症经过，主要特征是呼吸困难，下痢，神经机能紊乱，黏膜和浆膜出血。新城疫发病急，致死率高，对养禽业危害极大。

【诊断要点】

（1）流行特点。易感鸡群常发生典型新城疫，免疫鸡群常发生非典型新城疫。

（2）临床症状。潜伏期一般为3~5d。临床症状通常表现3种类型。

①最急性型：突然发病，常无特征症状而迅速死亡，多见于疾病流行初期和雏鸡。

②急性型：病初体温升高达43℃，冠和肉髯呈深红色，翅、尾下垂，羽毛松乱，精神不振，似昏睡状。病鸡流涎，摇头吞咽，张口呼吸，不时发出"咕噜"声和咳嗽，常见黄绿色或黄白色下痢。有的病鸡出现麻痹症状。病程2~5d，但30日龄内的雏鸡病程较短，症状不明显，死亡率高。

③亚急性或慢性型：病初症状与急性型相似，体温升高后，神经症状较明显，表现为腿翅麻痹、跛行或卧地，全身部分肌肉抽搐，头颈扭转，有的作转圈、后退等异常运动，出现半瘫痪或全瘫痪。病程一般为10~20d。此型多发生于流行后期的成年鸡，死亡率较低。

（3）剖检变化。病变主要表现在消化道出现卡他性炎或出血，尤以腺胃、小肠、回盲口附近明显。腺胃黏膜肿胀，常有大小不等的出血点和浓稠的黏液，腺胃乳头出血，在腺胃与食道或腺胃与肌胃交界处，呈条纹状不规则的出血斑或溃疡。小肠内充满乳糜样浆液，呈现出血性卡他性炎，病久常见溃疡。盲肠和直肠黏膜条纹状出血。慢性病例亦可见纤维素性坏死点。在呼吸道鼻腔、喉头和气管内常积有大量污秽黏液，其黏膜充血及出血。气囊黏膜有充血或出血。肺有时可见淤血或水肿，或有间质性肺炎。

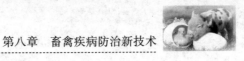

（4）血清学诊断。主要是 HA 和 HI 试验。

【防治措施】定期预防接种是防止发生本病的根本措施。目前国内使用的新城疫疫苗主要有 I 系苗、IV 系苗及灭活油佐剂苗等，除 I 系苗只可用于 1 月龄以上鸡外，其他苗大小鸡均可应用。在新城疫病毒污染的鸡场，采用弱毒苗和灭活苗同时免疫接种，能够获得良好保护力。

发生本病时，应立即进行封锁、隔离、划定疫区，对禽舍、运动场所和一切管理用具进行彻底消毒。对鸡群内其他隔离健康鸡，可用 I 系或 IV 系疫苗 4 头份作紧急接种，以控制疫情发展。对病鸡的尸体、粪便、垫草等，应进行焚烧或深埋。

（二）鸡马立克氏病

【概念】马立克氏病是鸡的一种病毒性肿瘤性传染病，以外周神经、性腺、虹膜、各种脏器、肌肉和皮肤的单核细胞浸润为特征。目前本病广泛存在，对养鸡业的危害很大。

【诊断要点】

（1）临庆症状。按病变发生的部位和症状，可分为 4 种类型。

①内脏型：主要表现精神沉郁，缩颈呆立，食欲下降，下痢，消瘦，突然死亡。

②神经型：病毒主要侵害周围神经，引起病鸡共济失调，出现单侧或双侧性肢体麻痹。坐骨神经受害时可引起病鸡一只脚向前、另一脚向后的特征性"劈叉"姿势；翅神经受害则翅下垂；颈部神经受害则头下垂或头颈歪斜；迷走神经受害则可引起嗉囊扩张或喘息。

③皮肤型：在颈部、翅膀、大腿外侧体表毛囊腔形成灰黄色结节及小的肿瘤物。

④眼型：一侧或两侧眼睛失明，瞳孔边缘不整齐，虹彩消失，眼球如鱼眼呈灰白色。

（2）剖检变化。受害神经横纹消失，肿大变粗，呈灰白色，病变神经多为一侧性。多个内脏器官如性腺、肝、脾、肾、心、肺、胰、腺胃、肠壁、骨骼肌及皮肤等处出现大小不等的肿瘤，呈灰白色。法氏囊常发生萎缩，通常不形成肿瘤。

（3）血清学诊断。主要有琼扩试验。

【防治措施】疫苗接种是预防本病的主要措施，目前使用的疫苗有单价苗、二价苗和三价苗，多价苗免疫效果更好，但需在液氮条件下保存和运输。此外，还必须结合综合卫生防疫措施，防止出现出雏和育雏阶段早期感染，以保证和提高疫苗的保护效果。

（三）鸡传染性支气管炎

【概念】鸡传染性支气管炎简称鸡传支，是由病毒所引起的鸡的一种急性、高度接触性呼吸道传染病。该病特征是病鸡咳嗽，喷嚏，气管啰音，雏鸡流鼻液，产蛋鸡群产蛋量下降和质量不好，肾病变型肾脏肿大与尿酸盐沉积。

【诊断要点】

（1）临床症状。本病的潜伏期为36h或更长，其病型复杂多样，主要有呼吸型和肾型。

①呼吸型：雏鸡感染除引起精神沉郁、怕冷、减食外，主要出现呼吸道症状，表现为甩头、咳嗽、喷嚏、流鼻涕、流泪、气管啰音等。6周龄以上的鸡，症状与雏鸡相同，但鼻腔症状退居次要地位。产蛋鸡呼吸道症状较温和，主要表现在产蛋性能变化上，产蛋量明显下降，并产软壳蛋、畸形蛋或粗壳蛋，蛋的品质变差，如蛋黄与蛋白分离、蛋白稀薄如水。

②肾型：主要发生于雏鸡，初期可有短期呼吸道症状，但随即消失，主要表现为病雏羽毛蓬乱，减食，渴欲增加，拉白色稀粪，严重脱水等，发病率高，病死率在10%~45%。

（2）剖检变化。呼吸型剖检病变为鼻腔、喉头和气管黏膜肿胀、充血、发炎，有渗出物；气囊混浊；有的雏鸡输卵管发育异常；产蛋母鸡卵泡充血、出血、变形，卵黄性腹膜炎，有时可见输卵管退化。肾型主要见肾肿大、苍白，肾小管和输尿管尿酸盐沉积，呈"花斑肾"。

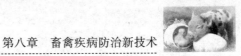

（3）血清学诊断。主要有中和试验、HI 试验和 ELISA 等。

【防治措施】只有在加强一般性防疫措施的基础上做好疫苗接种工作，才能防止本病的发生与流行。对于呼吸型传支，一般免疫程序为：5～7 日龄用 H120 首免，25～30 日龄用 H52 二免，种鸡在 120～140 日龄用油苗三免。对肾型传支，在 1 日龄和 15 日龄时各免疫 1 次。

三、牛羊传染病

（一）牛流行热

【概念】该病的主要传染源是病牛，其呼吸道分泌物和血液中都含有病毒。该病的传播媒介是吸血昆虫，其通过先后叮咬病牛、易感健康牛来传播该病。因此该病的发生往往与吸血昆虫的出现时间一致。

【诊断要点】流行热的潜伏期大约为 5d。在发病初期时，病牛出现颤抖颤栗，体温迅速上升到 40℃，在升高时，牛还会出现流泪现象。呼吸声急促、伴有呻吟声即表示引发了肺气肿，严重时会导致窒息。病牛的食欲也会因此下降，停止反刍，行走困难，不愿走动。而且还可发现有皮下气肿、口吐泡沫等现象。孕牛出现流产死胎。但流行热的死亡率不足 1%，严重时也是因为部分病牛四肢疼痛无法行走而被淘汰。

【防治措施】对于病牛要立即从牛舍隔离，然后对还未发病的牛注射牛蹄金高免血清等疫苗，避免扩大受害面积。在病牛体温升高时，要在肌内注射适量复方氨基比林等药剂。发病较为严重的话，那么则要注射抗生素，保持大用量。如果因为高热而导致牛缺水的话，那么则要适当注射生理盐水。最后要做好消毒工作，定期对牛进行疫苗接种。

（二）牛传染性鼻气管炎

【概念】牛传染性鼻气管炎又称"坏死性鼻炎""红鼻病"，是 I 型牛疱疹病毒（BHV-1）引起的一种牛呼吸道接触性传染病，此种病在全世界范围内都流行，对乳牛的产奶量、公牛的繁殖力及役用牛的使役力均有较大影响。

【诊断要点】病牛死亡，剖检时发现在鼻腔和气管有纤维蛋白性渗出物，是该病的指示病变。

结膜型的诊断困难较小。颗粒状外观、纤维蛋白性坏死膜、结膜下水肿以及眼和外鼻孔有浆液脓性分泌物，是该病的显著病变。在上呼吸道传染而发生卡他性结膜炎时，有助于支持该病的诊断。同样，对表现为生殖器型的任何公母牛不难做出临床诊断。

分离病毒可从有病变的部位采取病料，最好在发热期间分离，可用牛肾细胞或猪肾细胞等组织培养分离病毒。病毒的初步鉴定可以根据其在组织培养上迅速产生特征性的细胞病变（细胞变圆、皱缩、颗粒增大并凝聚、最后脱落）而判定，也可进行血清中和试验和荧光抗体检查作为诊断指征。

【防治措施】该病尚无特效疗法。广谱抗菌素的作用是阻止细菌的继发感染，使用综合性的对症治疗可使死亡率降低。康复牛能终身免疫。采用疫苗免疫是预防该病的重要措施，一般是对半岁左右的犊牛进行预防接种，接种后 10～14d 产生免疫力，有 9% 免疫牛体内抗体能保存较长时间。犊牛吃母牛初奶可获被动免疫达 2～4 个月。怀孕牛不能接种，因有可能引起流产。

（三）牛传染性胸膜肺炎

【概念】此病又叫牛肺疫，是牛的一种高度接触传染性疾病。受害器官主要是肺、胸膜和胸部淋巴结，以浆液渗出性纤维素性胸膜肺炎为特征。

【诊断要点】发病初期，病牛表现出现感冒症状，有鼻涕流出，接着出现呼吸道肺炎症状，体温明显升高，可达到大约42℃，结膜发炎，大量流泪，并有黏性分泌物附着在眼角。发病中期，随着病程的进展，病牛咳喘更加明显，尤其是在清晨最为明显，往往严重干咳，呼吸加速，停止采食。发病后期，病牛表现出呼吸困难，停止采食，严重消瘦，甚至会由于心衰

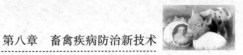

而发生死亡。

【防治措施】牛舍保持干燥、清洁、通风良好，注意防寒保暖。控制饲养密度适宜，防止过于拥挤。不同来源以及不同年龄的肉牛要采取分栏饲养。饲喂品质优良的饲料，补充适量的精料、微量元素和维生素，确保日粮含有全面、均衡的营养，增强机体抵抗力。定期进行消毒，圈舍可定期喷洒 10%~20% 的石灰乳或者 20%~25% 的草木灰进行消毒，也可以撒布适量的干石灰粉或者草木灰。

第三节 畜禽常见四肢病诊治

四肢疾病包括许多内容，骨病、关节疾病、肌肉疾病、腱和腱鞘疾病、黏液囊疾病和神经疾病等，均会导致四肢机能障碍，表现跛行。四肢病的发生与不合理的饲养管理密切相关，有的四肢病容易诊断，但有的四肢病诊断较为困难，需应用各种方法收集病史，结合临床表现、其他检查手段、解剖和生理知识，综合分析方可确诊，并施以合理疗法。

一、跛行诊治

跛行是四肢机能障碍的综合症状，是动物躯干或肢体发生结构性损伤或功能性障碍而引起的姿势或步态异常的总称。跛行不是一种独立疾病，不仅见于外科病，某些内科病、产科病、传染病和寄生虫病同样也能引起运动机能障碍而表现跛行。

（一）诊断要点

跛行诊断不能只单纯注意局部病变，而应从整体出发对机体的全身状况加以检查，包括体格、营养、姿势、精神状态、被毛、饮食欲、排尿、排粪、呼吸、脉搏、体温等，逐项加以检查，以供在判断病情时参考，同时也要注意患病动物和外界环境的联系。

1. 寻找患部

确定患肢后，还需根据运动检查时所确定的跛行种类及程度，有步骤、有重点地进行肢蹄检查，以找出患病部位。检查过程中尤其要注意与对侧肢进行比较。

（1）蹄部检查。

①外部检查：主要注意蹄形有无变化；钉节位置；蹄底各部有无刺伤物及刺伤孔等。检查牛蹄时，应特别注意趾间韧带有无异常。

②蹄温检查：以手掌触摸蹄壁，以感知蹄温，并应作对比检查。若蹄内有急性炎症，则蹄温显著升高。

③痛觉检查：先用检蹄钳敲打蹄壁、钉节和钉头，再钳压蹄匣各部，如动物拒绝敲打和钳压或肢体上部肌肉呈现收缩反应或抽动患肢，则说明蹄内有带痛性炎症存在。

（2）肢体各部的检查。使患病动物自然站立，由冠关节开始逐渐向上触摸压迫各关节、屈膝、骨骼等部位，注意有无肿胀、增温、疼痛、变形等变化。

（3）被动运动检查。即人为地使动物关节、腱及肌肉等作屈曲、伸展、内收、外转及旋转运动，观察其活动范围及患病情况、有无异常音响，进而发现患病部位。

（4）外周神经传导麻醉检查。其他诊断方法不能确定的跛行，用2%~4%盐酸普鲁卡因5~20mL注射于神经干周围，进行传导麻醉检查。若注射10~15min发生麻醉作用跛行消失，说明病变部位在注射点的下方，反之病变是在上方。怀疑有骨裂和韧带、腱部分断裂时，不能应用麻醉诊断。传导麻醉检查对肢体下部单纯痛性疾病引起的跛行有确诊意义。

2. 特殊诊断方法

（1）X射线检查。四肢疾病用X射线进行透视或照相检查，可获得正确诊断。兽医临床广泛应用于四肢的骨和关节疾患如骨折、骨膜炎、骨炎、骨髓炎、骨质疏松、骨坏死等病及蹄内异物等的检查。

（2）热浴检查。当蹄部的骨、关节、腱和韧带有疾患时，可用热浴作鉴别诊断。在水桶内放 40℃ 的温水，将患肢热浴 15～20min，如为腱和韧带或其他软组织的炎症所引起的跛行，热浴以后，跛行可暂时消失或大为减轻，相反，如为闭锁性骨折、籽骨和蹄骨坏死或骨关节疾病所引起的跛行，应用热浴以后，跛行一般都增重。

（3）电刺激诊断。神经和肌肉麻痹时，其对电刺激应激性减弱，因而两侧肢同一部位比较，可确定患部和麻痹的程度。

（二）治疗方法

将检查所获得的丰富材料进行认真的分析对比，反复研究加以归纳总结，对疾病做出初步诊断，定出病名，确定治疗措施。

二、关节脱位诊治

脱位（脱臼）是指在外力作用下，关节骨端的正常位置改变，使关节头脱离关节窝，失去正常接触而出现移位。关节脱位多突然发生。本病多发生于牛、马的髋关节和膝关节，肩关节、肘关节、指关节也可发生。

（一）诊断要点

关节脱位的共同症状表现为关节变形、异常固定、关节肿胀、肢势改变和机能障碍。

1. 关节变形

因关节的骨端位置改变，使正常的关节部位出现隆起或凹陷。

2. 异常固定

因关节的骨端离开原来的位置而被卡住，使相应的肌肉和韧带高度紧张，关节被固定不动或者活动不灵活，他动运动后又恢复异常的固定状态，出现抵抗。

3. 关节肿胀

由于关节的异常变化，造成关节周围组织受到破坏，出血、形成血肿及比较剧烈的局部急性炎症反应，引起关节的肿胀。

4. 肢势改变

呈现内收、外展、屈曲或者伸张的状态。全脱臼时患肢缩短，不全脱臼患肢延长。

5. 机能障碍

伤后立即出现跛行。由于关节骨端变位和疼痛，患肢发生程度不同的运动障碍，甚至不能运动。

根据临床表现，一般可作出诊断。对于关节肿胀严重病例，可结合 X 线检查作出诊断。

（二）治疗方法

关节脱位的治疗原则为整复、固定、功能锻炼、治疗原发病。

1. 整复

整复即复位，越早越好。整复前肌内注射二甲苯胺噻唑或作传导麻醉，以减少肌肉和韧带紧张、疼痛引起的抵抗，再灵活运用按、揣、揉、拉和抬等方法整复，使脱出的骨端复原，恢复关节的正常活动。在大动物关节脱位整复时，常用绳子将患肢反常固定的患关节拉开，然后按照正常解剖位置，使脱位的关节骨端复位；当复位时会有一种声响，此后，患关节恢复正常形态。

2. 固定

为达到整复效果，整复后应当让动物安静 1~2 周，限制活动。为防止复发，四肢下部关节可用石膏或者夹板绷带固定，经过 3~4 周后去掉绷带。在固定期间配合用温热疗法效果更好。由于四肢上部关节不便用绷带固定，可以采用 5% 的灭菌盐水 5~10mL 或酒精 5mL 或自家血液 20mL 向脱位关节的皮下做数点注射，引发关节周围组织炎症性肿胀，因组织紧张而起到生物绷带的作用。

实施整复时，一只手应按在被整复关节处，可较好地掌握关节骨的位置和用力方向。犬、猫在麻醉状态下整复关节脱位比马牛相对容易一些。整复后应当拍 X 片检查。对于一般整复措施整复无效的病例，可以进行手术治疗。

三、髋部发育不良诊治

髋部发育异常是生长发育阶段的犬出现的一种髋关节病，患犬股骨头与髋臼错位，股骨头活动增多，临床上以髋关节发育不良和不稳定为特征，股骨头从关节窝半脱位到完全脱位，最后引起髋关节变性。本病多见于大型、快速生长的品种犬（如圣伯纳、德国牧羊犬等），但在小型犬（比格尔、博美犬）和猫也有报道。

（一）诊断要点

4~12 月龄的病犬常见活动减少、关节疼痛。几年以后出现变性性关节病症候。小型犬走路摇摆，运步不稳，后肢拖地、以前肢负重，后肢抬起困难，运动后病情加重。股骨头外转时疼痛，触摸可见髋关节松弛。负重时出现跛行，髋关节活动范围受限制。后肢肌肉萎缩。

病犬髋关节受损，出现炎症、乏力等表现；最终骨关节炎加重、滑液增多、环状韧带水肿、变长，可能断裂；关节软骨被磨损、关节囊增厚、髋关节肌肉萎缩、无力。

X 射线检查，轻度髋部发育不良变化不明显；中度以上时，可见髋臼变浅，股骨头半脱位到脱位（是本病的特征），关节间隙消失，骨硬化，股骨头扁平，髋变形，有骨赘。需注意的是，X 射线检查所见不一定与临床症候呈正相关。

（二）治疗方法

控制运动，减少体重，给予镇痛药，必要时采用手术疗法。手术治疗，可用髋关节成形术。耻骨肌切断，可减轻疼痛。限制犬的生长速度和避免高能量的食物是预防本病发生的基础。

四、肌炎诊治

肌炎是肌纤维发生变性、坏死，肌纤维之间的结缔组织、肌束膜和肌外膜也发生病理变化，多发生于马、牛，猪也有发生。

（一）诊断要点

1. 急性肌炎

多为突然发病，在患病肌肉的一定部位指压有疼痛感。患部增温、肿胀的有无因部位而各有差异，但不论症状轻重都有跛行，一般规律多数为悬跛，少数是支破，悬跛之中有的兼有外展姿势。

2. 慢性肌炎

多数自急性肌炎或致病因素经常反复刺激而引起。患部肌纤维变性、萎缩，逐渐由结缔组织所取代。患部脱毛，皮肤肥厚，缺乏热、痛和弹性，肌肉肥厚、变硬。患肢机能障碍。

3. 化脓性肌炎

除深在肌肉外，炎症进行期有明显的热、痛、肿胀、机能障碍。随着脓肿的形成，局部出现软化、波动。深在病灶虽无明显波动，但可见到弥漫性肿胀。穿刺检查，有时流出灰褐色浓汁。自然溃开时，易形成窦道。

（二）治疗方法

肌炎的治疗原则为去除病因，消炎镇痛，防治感染，恢复功能。

1. 急性肌炎

病初停止使役，先冷敷后温敷，控制炎症发展或促进吸收。用盐酸普鲁卡因封闭，涂刺激剂和软膏。为镇痛，可注射安替比林合剂、2%盐酸普鲁卡因、维生素 B_1 等，也可使用安乃近、安痛定、水杨酸制剂及肾上腺糖皮质激素等。

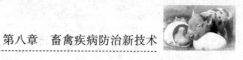

2. 慢性肌炎

可应用针灸、按摩、涂强刺激剂、石蜡疗法、超短波和红外线疗法，对猪可向股部注射碘化乳剂（处方：鲜牛乳 5~10mL、10%碘酊 5~10 滴），同时注射青霉素。每隔 3d 用药 1 次，注意适当运动。

3. 化脓性肌炎

前期应用抗生素或磺胺疗法，形成脓肿后，适时切开，根据病情注意全身疗法。对某些疾病除药物疗法外，应配合进行装蹄疗法。

第四节　畜禽常见产科病诊治

一、流产诊治

流产是指胎儿或母体的生理过程发生紊乱，或它们之间的正常关系受到破坏而导致的妊娠中断。流产可发生于母畜妊娠的各个阶段，但以妊娠早期多见。

流产是哺乳动物妊娠期的一种常见产科疾病，不仅会导致胎儿发育受到影响或死亡，而且还影响母畜的繁殖性能和生产性能，严重时甚至危及母畜生命。

（一）诊断要点

一般而言，怀孕母畜发生流产时表现为不同程度的腹痛不安，拱腰，频频做排尿动作，从阴道中流出多量黏液或污秽不洁的分泌物或血液。由于流产发生的原因、时期及孕畜反应能力不同，则流产的临床表现也各异，但基本可归纳为以下 4 种。

1. 隐性流产（胎儿消失）

即妊娠初期，胚胎的大部分或全部被母体吸收。常无明显的临床表现，只是配种后诊断为怀孕的母畜，经一段时间（牛经 40~60d，马经 2~3 个月，猪经 1.5~2.5 个月）却再次发情，并从阴门中流出较多量的分泌物。

2. 早产

即流产的预兆和过程与正常分娩类似，胎儿是活的，但未经足月即产出。早产的产前预兆不像正常分娩预兆那样明显，往往仅在流产发生前 2~3d 出现乳房突然胀大，阴唇轻度肿胀，乳房内可挤出清亮液体等类分娩预兆。早产胎儿若有吮吸反射时，进行人工哺养，可以存活。

3. 小产（半产）

即提前产出死亡而未经变化的胎儿，这是最常见的流产类型。妊娠前半期的小产，流产前常无预兆或预兆轻微，排出时不易发现，有时可能被误认为隐性流产；妊娠后半期的小产，其流产预兆和早产相同。胎儿未排出前，直肠检查摸不到胎动，妊娠脉搏变弱。阴道检查发现子宫颈口开张，黏液稀薄。

小产时，若胎儿排出顺利，则预后良好，一般对母体繁殖性能影响不大。若子宫颈口开张不好，胎儿不能顺利排出时，则应该及时采取助产措施，否则可导致胎儿腐败，引起母畜子宫内膜炎或继发败血症而表现全身症状。

4. 延期流产（死胎停滞）

胎儿死亡后由于阵缩微弱，子宫颈不开张或开张不大，胎儿死亡后长期停留于子宫内，称为延期流产。

（二）治疗方法

针对不同类型的流产，采取不同的措施。

1. 安胎

对有流产征兆，子宫颈口尚未开张，胎儿仍存活且未被排出时，应使用抑制子宫收缩的药物，以安胎、保胎为治疗原则，以防流产。

（1）肌内注射孕酮。马、牛 50~100mg，羊、猪 10~30mg，犬、猫 2~5mg，每日或隔日 1 次，连用数次。

（2）肌内注射盐酸氯丙嗪。马、牛1～2mg/kg体重，羊、猪1～3mg/kg体重，犬、猫1.1～6.6mg/kg体重。

（3）肌内注射1%硫酸阿托品。马、牛1～3mL，犬、猫0.5mg/kg体重。

2. 促进子宫内容物排出

对有流产征兆，子宫颈口已开张，胎囊或胎儿已进入产道，流产难以避免时，应以促进子宫内容物排出为治疗原则，以免胎儿腐败引起子宫内膜炎，影响日后受孕。如子宫颈口开张足够，则可用手将胎儿拉出；如胎儿位置及姿势异常，且胎儿已死亡时，可施行截胎术；如子宫颈开张不够，则应及时进行助产，也可肌内注射催产素以促进胎儿排出，或肌内注射前列腺素类药物以促进子宫颈口进一步开张。

3. 人工引产

当发生延期流产时，如果分娩机制仍未启动，则要进行人工引产。肌内注射氯前列烯醇，牛0.4～0.8mg，羊0.2mg，猪0.1～0.2mg。也可用地塞米松、三合激素等药物进行单独或配合引产。取出干尸化及浸溶胎儿后，需用0.1%高锰酸钾或5%～10%盐水等冲洗子宫，并注射子宫收缩药，以促进子宫中胎儿分解物的排出。对于胎儿浸溶的治疗，除按子宫内膜炎处理外，还应根据全身状况配以必要的全身治疗。

二、产前截瘫诊治

产前截瘫是妊娠末期母畜既无导致瘫痪的局部因素（如腰、臀部及后肢损伤），又无明显的全身症状，但后肢不能站立的一种疾病。该病可发生于各种家畜，但以牛和猪发病率较高，马也可发生此病。

（一）诊断要点

1. 牛一般于分娩前1个月左右逐渐出现运动障碍

发病初期表现为站立不稳，两后肢交替负重；行走时，后躯摇摆，步态不稳；卧地后，起立困难，或不愿起立。后期则不能站立，卧地不起。临床检查，后躯无可见的病变，触诊无热、痛反应。通常无全身症状，但有时心跳快而弱。卧地时间较长时，可能发生褥疮或患肢肌肉萎缩，有时也可能伴发阴道脱落。

2. 猪多于产前几天至数周发病

发病初期表现为卧地不起，站立时四肢强拘，系部直立，行走困难。一般地，一前肢最先出现跛行，以后波及至四肢。触诊掌（跖）骨有疼痛反应，表面凹凸不平，不愿站立，驱之不敢迈步，疼痛嚎叫，甚至两前腿跪地爬行。此外，患猪常表现异食癖、消化紊乱及粪便干燥。

3. 病史调查和实验室诊断

结合妊娠母畜产前饲养管理不佳，尤其是钙、磷、维生素D等缺乏或不足等饲养管理情况和实验室进行血钙、血磷检查进行诊断。

4. 鉴别诊断

必要时，应注意与胎水过多、子宫捻转、损伤性胃炎、风湿症、酮血病、骨盆骨折、后肢韧带及肌腱断裂等进行鉴别诊断。

（二）治疗方法

1. 补钙和维生素D

对于缺钙而引起的产前截瘫，可静脉注射钙制剂进行治疗。牛可静脉注射10%葡萄糖酸钙200~500mL及5%葡萄糖500mL，隔日1次；也可静脉注射10%氯化钙100~300mL及5%葡萄糖500mL，隔日1次；猪可静脉注射10%氯化钙20~30mL及5%葡萄糖500mL，隔日1次。为促进钙盐吸收，可肌内注射维生素AD，牛10mL（1mL含维生素A 50 000 IU，维生素D 5 000 IU），猪、羊3mL，隔2d 1次；也可肌内注射骨化醇（维生素D_2），牛10~

15mL（1mL 含 400 000 IU）。猪可肌内注射维丁胶性钙 1~4mL，隔日 1 次，2~5d 后运动障碍即得到改善。

2. 补磷

对缺磷的患畜，可静脉注射磷酸二氢钾。

3. 重症母畜进行人工引产

发病时间距分娩期较近且病情较轻者，经适当治疗，产后多能很快恢复。而对于已近分娩期，且出现全身感染的病情危重患畜，需进行人工引产，以挽救母畜和胎儿生命。

4. 加强患畜的护理

对于病因复杂的病例，在进行对症治疗的同时，要耐心做好护理工作，并给予富含蛋白质、矿物质及维生素的易消化饲料。给病畜多垫褥草，每日翻转数次，并对其腰荐部及后肢加以适当按摩，以促进后肢的血液循环。对于有可能站立的病畜，每日应抬起数次。可结合针灸、电针等中医疗法进行治疗，也可选用后躯肌内注射或百会穴注射脊髓兴奋药物（如硝酸士的宁）的方法进行治疗。

三、胎衣不下诊治

胎衣不下，也称胎衣滞留，指母畜产出胎儿后，胎衣在正常时间范围内未能自行排出。各种动物产后排出胎衣的正常时间不同，牛 12h，羊 4h，猪 1h，马 1~1.5h。各种动物均可发生胎衣不下，但牛发病率为最高，高达 20%~50%，马的发病率一般为 4%，猪和犬很少发生单一的胎衣不下。

（一）诊断要点

根据胎衣在子宫内滞留的多少，可分为胎衣全部不下和胎衣部分不下。胎衣全部不下是指整个胎衣滞留于子宫内，外观仅有少量胎膜垂于阴门外，或看不见胎衣。胎衣部分不下是指胎衣大部分垂于阴门外，少部分与母体胎盘粘连而未排出；也有大部分脱落，仅有少部分滞留于子宫内者，这只有通过检查脱出的胎衣缺损才能发现。

（二）治疗方法

胎衣不下的治疗原则是抑菌、消炎、促进胎衣排出。

1. 药物疗法

（1）子宫内投药。为防止胎衣腐败、延缓腐败物溶解吸收，可向子宫内直接投注抗生素。对于牛或马可取土霉素 2g 或金霉素 1g 溶于 250mL 生理盐水中，一次灌注，隔日 1 次；羊和猪药量减半；犬、猫 1 次可注入相应药物 30mL。也可用其他抗生素或选用市售的治疗子宫内膜炎的专用药物进行子宫内投药治疗。

为促进胎盘绒毛脱水收缩、促进母体胎盘和胎儿胎盘分离，还可向子宫内灌注 10% 氯化钠溶液，牛 1 次用量为 1 000~1 500mL，猪、羊等中小动物酌减。

（2）注射促进子宫收缩药物。为加强子宫收缩力，促进母体胎盘和胎儿胎盘分离、促进胎衣排出，可在产后早期注射促进子宫收缩的药物进行治疗，如皮下或肌内注射催产素，牛50~100 IU，猪、羊 5~20 IU，马 40~50 IU，犬、猫 5~30 IU，2h 后重复 1 次。此外，还可选用麦角碱、浓盐水、氯前列烯醇等进行治疗。

（3）注射抗生素。肌内注射抗生素类药物也是胎衣不下时防止子宫感染的一种常用措施。当出现全身症状时，也可将肌内注射改为静脉注射，并配合相应的支持疗法，对于马和小动物来说，这种治疗方法尤为有效。

2. 手术剥离胎衣

主要适用于大动物，手术剥离的原则是：易剥离者则剥，不易剥离者不要硬剥；剥离过程中严禁损伤子宫黏膜；急性子宫内膜炎和体温升高时，不宜剥离；剥离完胎衣后要向子宫内灌注抗生素。

（1）剥离前的准备。保定动物，固定尾巴，对后躯及外露胎衣进行清洗消毒。术者要戴上长臂手套做好自身保护。为了便于剥离，可向子宫中灌注适量浓盐水，牛为 10% 浓盐水 1 000~1 500mL。

（2）剥离方法。

①牛：将胎衣的外露部分捻转几圈，左手将其拉紧，右手伸入子宫，由浅及深、螺旋式深入，寻找胎盘进行剥离，剥离时不可强行撕扯，应该依其结构特点，用食指和拇指将母体和子体胎盘分离，剥离完一侧子宫角再剥离另一侧子宫角。

②马：在子宫颈内口，找到尿膜绒毛膜的破口边缘，把手伸入子宫黏膜与绒毛膜之间，轻轻用力向前移行，即可将胎衣从子宫黏膜上分离下来。也可拧紧外露的胎衣，然后另一只手伸入子宫，找到脐带根部，握住后轻轻扭动、拉动，则可使绒毛膜脱离。

③犬：当怀疑犬发生胎衣不下时，可将一手指伸入阴道中进行探查，找到脐带后轻轻向外牵拉；也可用纱布包住镊子在阴道中旋转，将胎衣缠住拉出。

小型犬可用正立提起（抱起）、按摩腹壁的方法促进胎衣排出，重复几次仍无法排出者，可进行剖腹手术进行治疗。

（3）冲洗。剥离完胎衣后，因子宫内尚存有胎盘碎片及腐败液体，可用 0.1% 高锰酸钾、0.1% 新洁尔灭或 0.05% 呋喃西林等冲洗，以消除子宫感染源。冲洗方法是将粗橡胶管（也可用胃管、子宫洗涤管）一端插至子宫前下部，管外端接漏斗，然后倒入冲洗液 1~2L。待漏斗中冲洗液快流完时，迅速把漏斗放低，借虹吸作用使子宫内液体自行排出。此时患病动物常有努责，能促使子宫内液体充分排出，反复冲洗 2~3 次，至流出的液体与注入的液体颜色基本一致为止。

（4）全身抗菌消炎。术后数天内须检查有无子宫炎，并注意治疗。

主要参考文献

蔡志斌，伍均锋，王伟华．2017．生猪规模生产与猪场经营
　　［M］．北京：中国农业科学技术出版社．

胡海建，高庆山，孙晶．2017．畜禽规模养殖与养殖场经营
　　［M］．北京：中国农业科学技术出版社．

赵珺，余金灵，白生贵．2018．肉牛规模生产与牛场经营
　　［M］．北京：中国农业科学技术出版社．